图解
传统服饰搭配

春梅狐狸 著

图书在版编目（CIP）数据

图解传统服饰搭配 / 春梅狐狸著． -- 南京：江苏人民出版社，2025.4． -- ISBN 978-7-214-30191-8
Ⅰ．TS941.742.8-64
中国国家版本馆CIP数据核字第2025PB5562号

书　　　名	图解传统服饰搭配
著　　　者	春梅狐狸
项 目 策 划	凤凰空间／徐　磊
装 帧 设 计	张僅宜
责 任 编 辑	刘　焱
特 约 编 辑	徐　磊
出 版 发 行	江苏人民出版社
出 版 社 地 址	南京市湖南路1号A楼，邮编：210009
总 　经 　销	天津凤凰空间文化传媒有限公司
印　　　刷	雅迪云印（天津）科技有限公司
开　　　本	710 mm×1 000 mm　1/16
字　　　数	160千字
印　　　张	12
版　　　次	2025年4月第1版　2025年4月第1次印刷
标 准 书 号	ISBN 978-7-214-30191-8
定　　　价	78.00元

（江苏人民出版社图书凡印装错误可向承印厂调换）

前言

　　服饰是我们生活中的必需品，我们对于它的需求不只是御寒防护，更希望通过它来展示自己的生活水平和精神风貌。当前，我们对传统服饰的热爱日渐高涨，许多传统服饰单品也越来越容易获得，我们在古今衣柜的穿梭里便有了"穿搭"的需求与迷茫。一方面，我们与古人隔着时代的距离，那些我们习以为常的服饰穿着和搭配方式难以直接套用；另一方面，这些单品承载着传统美学，可以与我们的时装混搭，碰撞出独特的中式风格。了解传统服饰就像去认识一群新的朋友，我们不仅要认识他们分别是谁，更要了解他们之间的关系，才能和朋友们更好地相处。

　　这是我写作的第二本书。与第一本书相比，这本书的重点在于让读者理解古人是如何穿衣的。而这些穿衣经验，对于今人不管日常穿着也好，还是"cosplay"（角色扮演）也好，都能够带来一定的启发。对传统服饰细节方面的一些疑惑，本书也尝试带你去探寻真相，让你可以在别人疑惑的时候进行解答，也让他们露出"我懂了"的表情。

　　我相信热爱古代服饰的你已经看过市面上非常多类似的书籍了，中国传统服饰这一领域，正是因为有了这么多人的努力思考与考证，才会不断有所发现和突破。我不敢标新立异，但希望你在阅读这本书的过程中可以感受它的价值，也希望它为你带来一点点别样的思考或感受。

当我沉浸于这段探索之旅时，心中的敬畏与好奇如烈火一般燃烧，照亮我前行的道路。每一款传统服饰，都仿佛是一位静默的客厅主人，空腾热气的茶盏和残留压痕的沙发，是热闹将散未散、故事将诉未诉的期待。而我所做的，就是用文字去捕捉那些流转千年的风华，去探寻那背后蕴藏的深厚文化内涵和历史底蕴。

学习与写作的过程，就像去古代游学，需要观察并体验古人的生活方式和审美观念。我试图将这些感悟融入书中，让读者在阅读的过程中能够感受到我的情感与思考，仿佛与我一同穿越时空，与古人相遇。同时，我也希望这本书能够为读者提供一些关于"古为今用"的启示和思考，让我们在欣赏古代服饰和学习传统文化的同时，也能够从中汲取营养，为现代生活注入更多的文化元素和美学价值。

我想说，无论是专业学者还是业余爱好者，我们都在用自己的方式去传承和弘扬传统文化。或许我们的贡献微不足道，但只要我们用心去做，就一定能够让传统文化在现代社会中焕发出新的光彩。

最后，感谢大家的关注与支持。愿我们在这本《图解传统服饰搭配》中，共同感受古代服饰的魅力与美好。愿我们怀着敬畏之心，一起努力，去欣赏和传承那些珍贵的文化遗产，让传统文化在我们心中生根发芽，在现代社会中绽放绚烂的花朵。

春梅狐狸
2024 年 12 月

目录

第一章　历史风雨

一　举起灯火的无名氏——战国时期的人形灯具及其服饰　2
二　失去颜色的兵马俑——兵马俑的服饰、发型及色彩复原　6
三　容颜不灭的马王堆——西汉马王堆出土的相关服饰　9
四　南方的仙气和北方的胡风——南北朝时期服饰的南北差异　13
五　画在墓室里的盛世霓裳——唐墓壁画上人物形象的服饰　20
六　绘在绢帛上的清丽倩影——宋画中人物形象的服饰　25
七　藏于帝陵地宫的皇家衣橱——明代定陵出土服饰文物的分析　30
八　戏台上的前朝衣冠——清代戏曲服饰简析　36

第二章　头顶风华

一　束发——将头发盘成大人的模样　41
二　幞头——中古时代中国男装的独特标志　47
三　发髻——没有皮筋和发夹，古人如何梳出高髻？　52
四　头饰——头顶一片风云，看虚实，分高下，通东西　61
五　饰品——最好的设计师总是大自然　69
六　胡帽——很美，有异域风情，也很实用　77
编外　帽子——那些今人在意和古人忌讳的问题　82

第三章　衣装风云

一　中衣——是衬衫还是打底衫？　88
二　短衣——服装也有贵贱之分吗？　92

三	领式——立领与交领，何者更有中国风？	98
四	衣襟——斜襟、偏襟、大襟、琵琶襟……	106
五	裤子——不像裤子的裤子	112
六	马面裙——不能套用现代思维想象穿着方式的裙子	117
编外一	上衣——是袄，是衫，还是襦？	124
编外二	内衣——古今差异总在看不见的地方影响我们	127

第四章　妆扮风流

一	人在江湖，江湖又怎么会远呢？——武侠剧中的侠客服饰	131
二	腹中圣贤书，身上古人衣——儒生们常穿的深衣、道袍	133
三	双兔傍地走，安能辨我是雄雌——女扮男装，圆领袍的别样风情	137
四	古人宅家也"疯狂"——家居服的款式与风格	140
五	在想象与史实之间寻找旧梦——齐胸襦裙上飞舞的唐风	145
六	民族的，就是现代的——宋代服饰中的宋之韵	150
七	用现代工业打造古代的华贵——明代服饰中的细节	154

第五章　材质风物

一	传统织物——那些你认识或不认识的丝织品	159
二	进口面料——《红楼梦》里的"外国月亮"	169
三	传统印染——色彩，来之不易	171
四	现代材质——纤维和针织的故事	180

参考文献　　186

第一章 历史风雨

- 举起灯火的无名氏——战国时期的人形灯具及其服饰
- 失去颜色的兵马俑——兵马俑的服饰、发型及色彩复原
- 容颜不灭的马王堆——西汉马王堆出土的相关服饰
- 南方的仙气和北方的胡风——南北朝时期服饰的南北差异
- 画在墓室里的盛世霓裳——唐墓壁画上人物形象的服饰
- 绘在绢帛上的清丽倩影——宋画中人物形象的服饰
- 藏于帝陵地宫的皇家衣橱——明代定陵出土服饰文物的分析
- 戏台上的前朝衣冠——清代戏曲服饰简析

一 举起灯火的无名氏
——战国时期的人形灯具及其服饰

初识传统服饰的第一面,应该从哪里开始呢?如果从传说出发,可能是"垂衣裳而治天下"的黄帝;如果从考古出发,可能是山顶洞人留下的一枚小小的骨针;如果从科技出发,可能是新石器时期遗址里碳化的织物……这些都难免有些严肃,那么我们就从影响人类最深的火出发,谈一谈从战国以来那些举着灯火的无名氏。

大约从战国时期开始,人形灯具就已经出现,主体一般为或举或持或擎灯盏的人俑。这些人俑造型各异,从目前的发现来看,几乎没有完全相同的造型。它们就像是穿越岁月的"光明使者",将古代文明的火种传递到我们的面前。

在这些人形灯具中,最为著名的也许就是让人啧啧称叹的长信宫灯了。长信宫灯出土于西汉中山靖王刘胜妻窦绾之墓,通体鎏金,十分耀目。它的铸造水平与人物刻画水准极高,仿佛定格的就是两千年前侍弄灯火的宫女形象。一般来说,人们对长信宫灯的讨论集中在它可拆卸可活动的部件,以及高明的环保设计上,但如果从宫女的衣着出发,重新审视这件文物,就会发现她穿着衣褶堆叠的长袍,额头的造型更是线条锋利方正,明显有别于自然的发际线。这位举着灯火的宫女,脑后梳着低矮并歪向一侧的发髻,头上戴的极有可能便是被称作"帼"的头巾,也就是后世女子代称"巾帼"的来源。

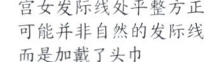
宫女发际线处平整方正,可能并非自然的发际线,而是加戴了头巾

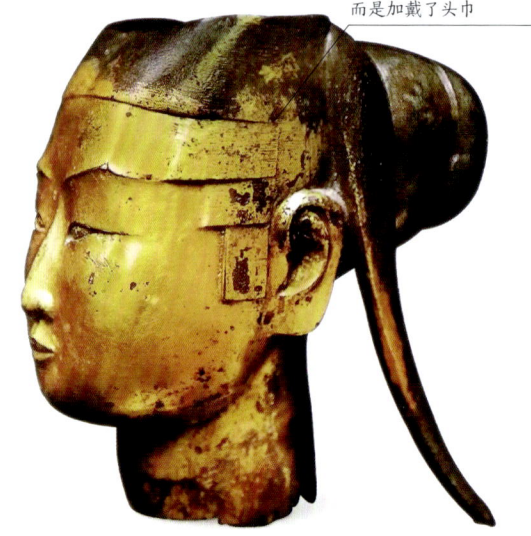

△ 西汉长信宫灯及其局部

相比于长信宫灯中长袖挽髻的宫女形象所体现出来的仪态谦恭，其他人形灯具里的形象更多体现出来的是卑微，其中不乏一些深目高鼻、裸体纹身的形象，其身份很可能是当时的异族奴隶。事实上，服饰在人类学中被视作身体的延伸，它不仅仅是为了遮羞和保暖而存在的，同时还在释放民族、阶层、身份等信息（在广义下，甚至纹身也可以被纳入服饰的范畴）。与长信宫灯同出于中山靖王刘胜墓的还有一盏当户灯（当户是匈奴的官职），虽然此灯具中人俑身上的服饰细节刻画得不够清晰，但依然可以看出是窄袖短衣的游牧民族装束。

通过这些灯具中的人俑形象还可以发现古代远远超出我们之前认知的文化交流，比如有一些是来自海上丝绸之路的文物，甚至还有一些海外来客。不过学者们光凭外观或外貌就可以判断来源的，是墓中的其他一些器物，比如玻璃。世界上很多古文明都发展出了自己的玻璃，但它们的化学成分是有所不同的，中国古代的玻璃主要是铅钡玻璃，烧成的温度不高，透明度较低。如果玻璃中的铅钡成分较少甚至没有，则可以初步判断是外来的，再通过进一步比对具体成分去判断究竟是来自哪个文明的。墓葬中一旦出现不属于中国古代的玻璃，那么再看同墓或同区域同时代墓葬里的人形灯具，这些游牧民族形象的来源往往也不会局限在古代中国的范围内。

此外，还有几件战国时期的人形灯具，虽然没有长信宫灯那么著名，但在网络上的讨论热度丝毫不低，原因是大家发现这些人物身上的服饰与现代和服十分相似。其实从时间和空间上都可以断定这是一个巧合，两者跨越了两千多年的时间和中日之间茫茫的大海。而且现代和服的发展路线离中国服饰体系十分遥远——日本从平安时代（794—1192）"和样创制"开始便发展自己的服饰，江户时代（1603—1867）出现了现代和服雏形的小袖，明治维新后则开始大规模"洋风摄取"——无论从哪个角度来说，现代和服都离这几件人形灯具很遥远。

△ 战国银首人形铜灯及其局部

如果细细观察这些人形灯具上的服饰，会发现其实两者的相似程度并没有一开始以为的那么高。拿河北平山县中山国墓地中出土的银首男俑铜灯来说，灯人束着宽大的腰带，采用带钩进行系束。带钩一般呈S形或J形，使用金属或玉质，起到一个类似带扣的作用，汉代以前十分流行，直到清代人们依然在使用。日本腰带则一般使用织物，目前的式样是江户末期到明治时期（1868—1912）才形成的，看起来很宽很厚，实际上是多条不同的腰带层层扎束起来的。

△ 秦陵兵马俑上的带钩

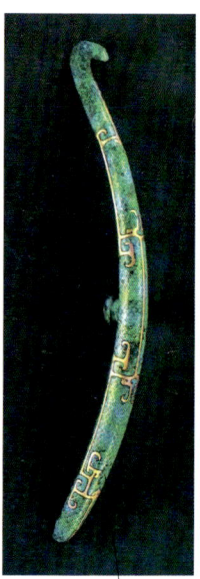

△ 出土文物中的带钩

侧面观察带钩的形态，下方有突出的固定钮，头部呈弯钩状，可以钩住腰带另一端

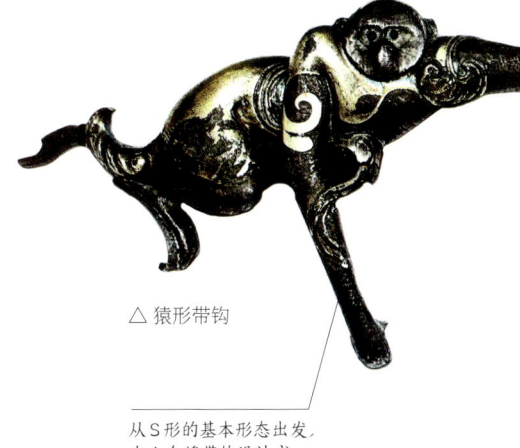

△ 猿形带钩

从S形的基本形态出发，古人会将带钩设计成各种富有创意的形态

银首男俑铜灯中的形象双手各握一条蛇形兽，表明他可能是一位强壮的武士。这类角色在人形灯具中十分常见，服饰上也可以相互印证。比如战国中晚期的彩绘跽坐人俑灯，虽然呈现跪坐的姿态，但腰带上的带钩、半长的衣袍以及头上的发髻、发饰都与此十分相似。不难发现，这几件灯具里，灯与人的比例是失衡的，羸弱的形象很难撑起太大的灯，因此刻画孔武有力的角色更适合灯具的设计。

这些灯具中的人物是历史上的无名氏，参照的原型甚至可能有着悲惨的际遇，但通过文物，他们的形象不但被保留了下来，还传之千年。它们所在的载体虽然大多属于贵族使用并喜爱的物品，但他们也有属于自己的服饰和故事。服饰体系中的一些讲究大多有着贵贱的区分、场合的需求，后文会详细介绍，而本书的第一章，就把它留给历史上那许许多多未留下姓名的人吧。

二 失去颜色的兵马俑
——兵马俑的服饰、发型及色彩复原

现在，让我们的目光从战国举着灯火的无名氏转到秦帝国那些身着铠甲的无名氏——兵马俑身上来。

我们知道，色彩是投射了人们的感情的。就我们的历史印象而言，似乎离我们越远的历史时期，其画面色彩的饱和度和明度就会越低。于是，兵马俑黑灰的色彩似乎就比较符合我们对它的期待，尤其很多文章里都鼓吹"秦代尚黑"。但尚并不代表统一，清代尚蓝，依然不妨碍大家穿得五颜六色。其实兵马俑是有颜色的，并且至少有朱红、枣红、紫红、粉红、深绿、粉绿、粉紫、粉蓝、中黄、橘黄、黑、白、赭等十几种颜色。

△ 秦始皇陵兵马俑

△ 彩色兵马俑复原想象图

不过没关系，类似的误解也出现在西方雕塑上。比如古希腊那些洁白素雅的雕像，原本也有着属于自己的颜色，只不过文艺复兴时期的人们一开始并没有发现这一点，其洁白的形象也十分符合当时艺术家对古典艺术的想象与期待。等到后来发现这些雕塑的真正色彩时，人们已经难以扭转之前的印象了，而且在情感上也难以接受新的色彩。

此外，博物馆里最常见的青铜器，其实它们"生前"的模样也是金光闪闪的。我们对文物的定位是"静穆"，是因为我们强烈地觉察出它们属于过去；而当时人们对它们的定位则是"热烈"，因为对于他们而言，这些属于当下。

在最初的兵马俑发掘中，考古专家就已经发现兵马俑上残存了色彩，并且根据兵马俑的身份和衣着部位，对色彩出现的频次进行了统计。由此也可以看出真正意义上的考古与盗墓的区别，考古不是为了挖宝贝，而是探索历史，即便当时没有足够的条件可供

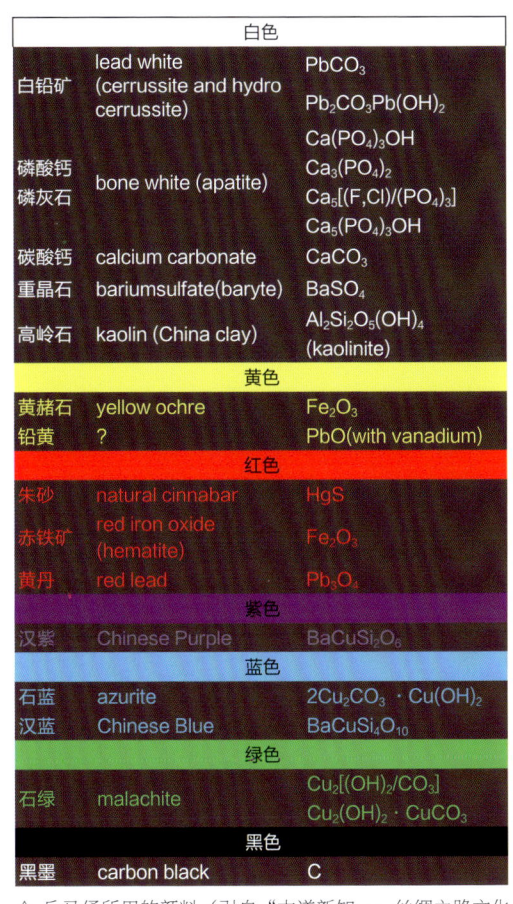

△ 兵马俑所用的颜料（引自"古道新知——丝绸之路文化遗产保护科技成果图片展"）

完善地提取，也依然使用其他方式将这些线索记录下来，以供后人研究。

不过兵马俑的色彩之所以难以保存，除了后天技术原因，更大程度上其实在于先天的保存条件不够好。兵马俑的彩绘需要在烧制完成后添加，以生漆作底（生漆是用来增加色彩附着力的），再在上面敷彩，而且会刷两三层颜色，不同部位上的层数略有不同。色彩更有利于人物的刻画，由此可以想见，当时的军阵必定士气昂扬，就如同古希腊的女神雕塑在仍然拥有色彩的时候，也必然更显丰腴和活力。但是经过岁月的打磨，兵马俑上的生漆附着力不复存在，导致很多色彩随着泥土一起被剥离。

失去色彩的古代雕塑反而拥有了高贵而纯粹的感觉，迎合了我们对古代的想象。西方有很多艺术家甚至批判过给雕塑增加彩绘的做法，举的例子却是那些失去自身色彩的古希腊雕塑。由此我们应当明白，即便是栩栩如生的文物摆在我们面前，它呈现的可能也不一定是真实的历史形态，至少我们要去想象一下它在所处的时代中应有的模样。

但彩色的兵马俑就一定是秦帝国将士们的原貌了吗？我们还需要考虑艺术加工的部分。比如兵马俑彩绘时使用的是矿物颜料，而服饰染色时用的往往是植物染料，两者的色谱是有差异的，受古代染色技术的制约，服饰的色彩可能也没有那么鲜艳。但我们依然可以透过当时匠人高超的技艺看到这个非常令人震撼的军阵的威势。

从兵马俑的衣着打扮可以明显看出他们的身份差异。有一部分步兵没有穿铠甲，发髻也是裸露的，但这些兵俑也最利于观察服饰。他们的装扮与前文提到的武士灯人十分相近，衣服是半长的，腰带使用带钩，从背面可以看到衣服呈现一个小小的燕尾，这是服装交叉后形成的。笔者的朋友曾经按1∶1的比例复原制作了一件楚墓中的服饰，穿着后可以得到一样的效果，可见服饰结构与之相仿。从裸露的发髻可以看到十分清晰的结构，他们大多编了辫子，发髻歪在一侧。还有一部分步兵身穿铠甲，有的发髻外面看起来像是被包裹了一层，这些类似头巾的部分很可能是帻，可以更好地约束头发以避免凌乱或遮挡视线，在平民中比较常用。与之相比，军吏们头部的造型差异十分明显，他们头上戴着冠，在下巴处系住固定。兵马俑大多穿着方头浅口的鞋履，而跪射俑的姿势正好让我们可以看清这些鞋子的鞋底——这些鞋竟然是纳底鞋，针脚的排布十分讲究，鞋尖和鞋跟部分比较细密，耐磨防滑，而中间部位又比较稀疏，柔软舒适。视线略往上移，就会发现低级军士大多打着绑腿，便于行动，而军吏则裤脚宽大。

经常会有人质疑如何看待兵马俑的写实程度，毕竟谁都无法穿越回去一一比对。个人认为，兵马俑里大量的细节便是可信度的证明，如果是一个完全基于匠人想象的军阵，细节处断然不会如此丰富且符合现实需求。当然，其中艺术化的加工肯定也有不少，但据此进行那个时期的服饰研究，总体上仍然是可信度非常高的。

△ 色彩复原的兵马俑

三 容颜不灭的马王堆
——西汉马王堆出土的相关服饰

中国的英文名称"China"本意为瓷器,而在更早的古希腊时期,中国还有一个更美丽的外语名称"赛里斯（Seres）"。根据古罗马地理学家斯特拉波的著作,公元前3世纪西方人就已经用这个名词称呼神秘的东方古国了,意为"丝之国"。当时的西方人被丝绸的华美深深吸引,但他们对于丝绸是如何诞生的却几乎没有认知,古罗马博物学家普林尼提到赛里斯时甚至认为蚕丝是生在树上的。

当"赛里斯"的传说在西方流传时,中国的丝绸究竟是怎样的呢?这就不得不提20世纪70年代在湖南发现的长沙马王堆汉墓,可以说是一座来自两千多年前的西汉丝绸宝库。根据考古发现,三座墓分别是西汉长沙国丞相轪（dài）侯利苍及其妻子辛追和儿子的墓葬,墓主人生前显赫的身份让他们的墓葬中得以拥有大量珍贵精美的陪葬品。

画中女主人公便是辛追夫人

△ 西汉马王堆帛画（局部）

仅以一号墓墓主人辛追的陪葬品为例,出土的丝帛就已十分令人震惊。这些丝织品中不仅有保存完好的服饰,还有丝帛面料及其他杂用织物,甚至辛追的棺椁和尸体都是用丝绸包裹的。当时西方世界无比珍视的丝绸,在辛追墓中只是用来包裹器物而已。

辛追墓总共出土了二十七件保存较好的服饰，其中长袍十二件、单衣三件、裙子两条、手套三副、袜子两双、鞋子四双。这里面没有裤子，但并不代表当时的中国人不穿裤子，因为在更早的战国时期江陵马山楚墓中就已经出土过裤子了。

辛追的这些衣服都很长，长袍里最短的也有1.3 米，长的则有 1.6 米多，而辛追尸体的测量身高只有 1.54 米，也就是说，这些衣服对辛追来说基本都是及地甚至拖地的长度。袖子就更长了，在 2.5 米左右，而人的臂展一般和身高相仿，可见袖子也远远超出了我们的认知。这些服饰之所以显得十分"拖沓"，和辛追的贵族身份是脱不开关系的，比如我们前文提到的俑人大多就身穿长度到膝盖上下的衣服，此外，这与当时社会的席居文化也有关系。江陵马山楚墓的服饰身高差距更为突出，最长的衣服有 2 米，袖展接近 3.5 米，而根据墓主人骨架推定，其生前身高只有 1.6 米。

在出土的三件单衣里，有两件便是赫赫有名的素纱襌（dān）衣，薄如蝉翼，重量不足 50 克，甫一见世，便令人震惊。它们是穿在最外面的服饰，将里面的刺绣花纹半透不露地显现出来。从"素纱襌衣"这个名字就可以知道，它们是由单层的薄纱面料裁制而成的。之所以又轻又薄到这种程度，原因也并非使用了什么现代人做不到的"黑科技"，而是当时的家养蚕种与现在的蚕略有差异。西汉时期养殖的是休眠三次、蜕皮三次的三眠蚕，而现代使用的是四眠蚕，两者看似只差了"一眠"，但是个头差异很大，蚕茧和蚕丝的差别也很大。四眠蚕个头大、产量高、丝质优，但是体质弱，需要更高的养殖技术，纵观历史就会发现，四眠蚕的培育和普及是纺织业重大进步的标志。

△ 曲裾式绵袍

△ 曲裾式素纱襌衣

衣服下摆形成尖角状，这种式样被称为"曲裾式"

△ 直裾式绵袍

与素纱襌衣的轻盈面料相对的，是一种独见于西汉时期的绒圈锦。如果说素纱襌衣占了三眠蚕养殖的"天时"以及当时高超成熟的缫丝捻纱技术，那么锦这一类织物则更能显出当时的综合织造技艺水平。"金"加"帛"合成一个"锦"字，由此就可以看出它的超然地位和珍贵价值。比起平纹的素纱，锦的织物组织要复杂许多，并且色彩丰富、图案多变。

绒圈锦与马王堆汉墓出土的其他锦织物一样，都属于经线显花，而绒圈锦在这个基础上将一部分经线挑起割断，最终的面料就会形成一层毛绒绒的立体图案，显得更为厚重。这种面料的织造技术到东汉就失传了，而后就再也看不到，即便是辛追这样身份贵重的墓主人，也只在服饰的缘边处才使用它。

△ 绒圈锦

辛追的服饰从款式上可以分为直裾和曲裾，前者比较好理解，有点像我们的浴衣长袍，后者则会在下裳部分形成一个绕身的效果，十分独特。马王堆汉墓出土的服饰实物与留存下来的古代文献有很多有出入的地方，对于曲裾式样的服饰究竟属于典籍中的哪一种，学者们各有解读。孙机先生就认为，这些属于战国时期广泛流行的深衣，下裳的绕身效果对应的便是让后世一直解读不清的"续衽钩边"。

其实在马王堆汉墓之前的江陵马山楚墓里，尽管没有出土曲裾式样的服饰，但那些直裾式样的服饰在穿着后也可以形成曲裾的效果。这种穿着后因下摆交叉而形成绕身效果的服饰在兵马俑上也可以看到，只不过兵马俑的衣服不长，因此只能在背面看出两个燕尾角。马王堆汉墓里也出土了多件身穿曲裾式样服饰的木俑，男女都有，腰部的绕襟使得下摆呈现微微的喇叭状。可能是身份的差异让这些木俑身上服饰的款式与其他出土服饰略有不同，但足以窥见曲裾式样那奇特的修身效果。

除了衣服，那三副手套也十分惹人注意。手套的样式与现在的半指手套十分相似，大拇指和四指连指的部分都留有开口。其中一副的掌面上装饰有信期绣（此名称历来有两种说法：一是遣册中称其为"信期绣"，二是纹饰中的小鸟形似燕子，而燕子是候鸟，寓意"忠可以写意，信可以期远"）图案，层次分明，精美非常。辛追墓里有三种典型的刺绣图案，对比随葬清单

△ 西汉手套

△ 黑罗地信期绣

信期绣的纹样原型很可能是燕子，燕子是候鸟，按期南迁，信期而返，于是纹样便有了"信期"的名字

△ 黄绢地长寿绣

长寿绣的纹样原型可能是茱萸，茱萸在古代代表长寿，纹样也因此而得名

可知分别是长寿绣、乘云绣和信期绣。早期的刺绣针法与如今流行的有所不同，主要是锁绣，形如锁链，也似辫子，主要的构成是线条，因此表现出来的刺绣图案也十分抽象，充满了各种蜿蜒穿插的曲线，装饰性极强。这些图案往往反映了仙境的云气或飞鸟，这与西汉时期人们的崇仙信仰密切相关。这三种刺绣图案里，最常见的就是信期绣，它也是图案最为简略、单元循环最小的一种，不仅装饰在手套上，在多件长袍上也有使用。

以其中一件信期绣茶黄罗绮绵袍为例，它是曲裾式，衣长 155 厘米，袖展 250 厘米，衣缘宽约 30 厘米，穿着时不仅会衣摆拖地，衣袖也会在臂弯处堆积出许多衣褶，而衣服上的"三角"可以掖在身后，形成绕身而上的视觉效果。由于这件服饰的比例异于我们认知的现代服饰，因此虽然看着不真切，但其实袖子宽度有 35 厘米，十分肥大。

西汉阳陵出土的微笑女俑，她拢在身前的衣袖状态就十分接近这件衣服穿起来的样子。女俑的衣领有许多层，里面几层可能是近 30 厘米的领子折叠穿着的效果，而最外面一层的服饰领缘较窄，与辛追墓的几件单衣很相似。这件绵袍衣身采用的面料是绮，在这上面装饰了信期绣，由于绮织物本身就有提花，加上刺绣后便更有质感。从文物照片看去，循环比较小的信期绣形成了类似碎花的效果。衣缘则采用了绒圈锦，边缘的白色与衣身的茶黄色形成了比较素雅的配色，与袍服的厚重感形成了对比。

四 南方的仙气和北方的胡风
——南北朝时期服饰的南北差异

在中国历史上，魏晋南北朝是一段南方与北方、汉人与游牧民族、寒门与士族等方方面面都存在矛盾冲突的时期。但打开视角，又会发现，有冲突同时也意味着接触，意味着方方面面的交流。在这样特殊的背景下，服饰的风格也出现了前所未有的对立与融合，并对后世产生了难以想象的巨大影响。

首先是来自南方褒衣博带的"仙气"。这里的南北，其实不完全是地理上的概念，更多是相对于中原民族与北方游牧民族而言。中原地区的生活方式以农耕为主，服饰上不需要像游牧民族那样考虑骑射的需要，自然会显得宽松许多。再加上相对稳定的居住条件有利于发展蚕桑，并且可使用较大型的机械进行更为复杂的纺织，因此服饰面料也更为精美。此时的服饰除了拥有上述先天优势，魏晋时期新兴的玄学也使着装风气突破了两汉时期的束缚，第一次将身体作为冲击礼制的"武器"，于是袒露便成为一种新的服饰潮流。

△ 南朝画像砖

发髻夸张、高耸

鞋履头部高翘

这种风气的"偶像级"人物竹林七贤在南朝墓室的砖墙上留下了属于他们的时代信息。画面中，他们"衣冠不整"，服饰宽大，裸露着部分身体，头上的发髻也只用幅巾等简单包裹，放肆地将自己置身于自然环境之中。相传为唐代画家孙位所作的《高逸图》，虽然年代略晚，但与砖画一对比就不难发现，它其实是以竹林七贤为母本所创作的。尽管目前留下的只是残卷，但从彩色的画面可以清晰地看出服饰的风格——最外层的服饰或披或垂，露出里衣甚至身体，他们的坐姿十分随性慵懒，身旁有仆从相待。

△ 唐代孙位《高逸图》（局部）

此时的女子服饰也变得宽大且从容。尽管前面已经提到，战国、西汉时期的墓葬里出土的服饰尺寸对比墓主人的身高或骨架要大上许多，但看帛画、人俑就会发现，这种宽大是具有包裹感和重量感的。到了魏晋南北朝时期，服饰的宽大逐渐走向了"缥缈"的感觉。比如马王堆汉墓出土的裙子无裙褶，锥度也不大，而此时的裙子上窄下宽，并且明显拥有了更细密复杂的褶皱线条。三国时期曹植在《洛神赋》中描写道："披罗衣之璀璨兮，珥瑶碧之华琚""践远游之文履，曳雾绡之轻裾"，这些令人向往的女性着装其实都可以在这个时期的砖画中找到对应的形象。

对于宽服大袖的追求并不限于性别，其普及程度之高已经完全超出了功能性的需求。当时文献记载"凡一袖之大，足断为两；一裾之长，可分为二"，可见当时人们对追求神仙之姿的乐此不疲。

△▷ 东晋顾恺之《洛神赋图》（局部）

在以这一时期为背景的古装剧中,往往喜欢将女性的发髻设计得十分高耸怪异,尽管不见得有多少历史还原度,但的确也反映了当时女性妆发奇特的审美取向。人们不只是想让衣服努力摆脱地心引力,就连发髻都要或高或宽。尽管没有考古出土的实证,但这些发髻明显不是只靠真发梳妆就能形成的,说明当时的假髻已经十分流行了,因为就连一些仆从身份的女俑也无一不装饰着自己的发髻。《晋书》中记载:"(东晋)太元中,公主、妇女必缓鬓倾髻,以为盛饰。用髲既多,不可恒戴,乃先于木及笼上装之,名曰'假髻',或名'假头'。至于贫家,不能自办,自号'无头',就人借头。"可见风气之盛,假髻甚至成为富贵的象征,用真发梳就的发髻反而显得落伍卑贱。《宋书》中依然有"民间妇人结发者,三分发,抽其鬟直向上,谓之'飞天紒'"的记载,可见到南北朝时期,冲天的发髻依然牢牢占据着潮流之巅。

△ 假髻1

△ 假髻2　　　假髻上的固定孔

这时候还出现了一种十分怪异的女装，在传为东晋顾恺之所作的《洛神赋图》《女史箴图》摹本里可以看到，仙女们穿着的裙摆处穿出许多细长的三角飘带，在画家笔下构成了御风而行的飘然线条。这一形象在司马金龙墓中也可看到，远到朝鲜安岳冬寿墓、晚至唐代女舞俑身上，都可以看到这种复杂又奇特的服饰。早年的学者根据这种服饰外观并从文献中的"华带飞髾（shāo）"等词句中摘字，将其命名为"杂裾垂髾女服"，但实物证据，目前似乎只有在2003年因盗墓而被发现的楼兰03LE壁画墓出土的零散服饰及配件上可以看到，部分服饰上缀有三角或布条的设计，还有一些零散的三角形衣饰。但缺少实物并不能阻挡大家对于这种仙气飘飘的服饰的热爱，根据画像仿制这样的服饰，始终是一股古风热潮。

△ 东晋顾恺之《洛神赋图》（局部）

飞扬的三角飘带

这种对于宽大服饰的热爱也影响到了北方游牧民族，尤其对贵族礼服产生了极大的影响。在如今保存最多的佛教石窟艺术中可以看到当时鲜卑人统治下的造像也呈现出褒衣博带的变化，这一转变明显就是受到了南朝的影响，而这些主要受统治阶层供奉的造像直接反映的也是贵族的审美取向。比如洛阳龙门石窟中有两幅北魏帝后礼佛图浮雕，表现的便是鲜卑皇室供奉的恢宏场面，主角便是进行了汉化改革的北魏孝文帝。北魏孝文帝推行汉化是历史上民族融合的大事件，一位掌权的统治者想要自己的民族在服饰风俗、语言礼制等方方面面向另一个民族学习。龙门石窟的浮雕正好以他为主角，提供了极为形象的实证。其中北魏文昭皇后头戴莲花形宝冠，两侧有博鬓，身穿广袖长裙的服饰，鞋履高翘，除服饰上添加了更多的装饰，基本形态与南朝砖画差别不大。而北魏孝文帝在群臣簇拥下的仪仗也和《洛神赋图》极为相似，礼制服饰一如南朝，甚至衣冠风流雍容的程度还远远胜出，完全看不出这是一位来自游牧民族的统治者。与此形成对比，南朝贵族反而袒胸着屐，服饰礼制趋于"崩坏"。

服饰风格的胡汉交融是这一时期的主旋律，这就要提到后来最终进入中原服饰体系的几款服饰单品。

△ 北齐伎乐俑

先秦两汉时期，中原地区的服饰以长袍为主，而胡服则偏上衣下裤的结构，也比较紧身短小，因此胡服的"汉化"大多是自上而下的，而汉服的"胡化"则多自下而上。比如当时一种名为"裤（古代写作'袴'）褶"的服饰流行于南北，它由中长款的及膝上衣与阔腿裤组成。对于中原民族而言，这种长度的上衣已经足以被称作"短衣"了，而裤子则是由游牧民族最先发展出来的，因为他们有跨马骑射的传统。裤褶来自胡服，流传改造的过程中增宽了袖子和裤管，最先在军服中广泛使用，而后普通百姓与贵族也开始穿着。为了便于活动，会在膝盖位置增加系带，将裤腿提起后再扎束可以更加便利，如此装扮的形象在当时的画像上随处可见。

不过，当时文献记录的"胡服"多指另一种服饰，即缺胯（古代写作"骻"）袍。中原地区传统的长袍是包裹式的，两侧并不开衩，而"缺胯"指的是在袍衫的胯部开衩的服饰形制。这样的形制功能指向十分明确，就是要实用与便利，因此它最初是作为平民、仆役等底层人民的着装。缺胯袍有交领的，也有圆领的，以后者居多，并且一般窄袖短衣，开衩和下摆外都可以露出裤子，这种着装风格与中原地区追求的"深藏不露"相违背。到了北周时期，缺胯袍成为常服，军民都穿，而其中圆领缺胯袍最终逆袭成为中国古代官服系统中极为重要的一员。北宋沈括在《梦溪笔谈》里总结这段历史时说："中国衣冠，自北齐以来，乃全用胡服。窄袖、绯绿短衣、长勒靴,有蹀躞带,皆胡服也。窄袖利于驰射,短衣、长勒,皆便于涉草。"

可见,魏晋南北朝时期服饰的发展交融了诸多复杂交错的路线,它们之间相互补充、相互整合,尽管出于叙述的需求会将服饰分门别类地举例,实际上它们之间的契合十分紧密。在这段历史时期,通过服饰打破的不仅仅是古代民族的界限,还有阶层的枷锁,经过随后隋唐大一统时代的继承与发展,中国服饰文化得以变得愈加丰富与完善。

△ 北朝女立俑

五 画在墓室里的盛世霓裳
——唐墓壁画上人物形象的服饰

  时间来到了最令人魂牵梦萦的大唐，不过这个时期出土的成套服饰比较少，并且受限于气候条件，多出现在新疆等地。幸好还有唐代墓葬壁画，它们就像一颗颗时间胶囊，留下了十分生动鲜活的图像资料。在我国传世古画中，罕有可以追溯到唐代而无疑义的，大多是宋代以来的摹本，虽然也可以作为参考，但对于服饰研究而言，细节的考证上难免存有疑虑。但在古人视死如生的丧葬观念下，墓室壁画却可以展现出还原度极高的墓主人生前场景。与盗墓小说及相关影视作品中呈现的场景不同，墓室环境往往模拟了墓主生前居住的建筑庭院，而墓葬壁画往往是墓主人生活场景的再现，尽管会有理想化的成分，但基本是基于世俗生活的定格画面。因此，绘制在这些壁画上的服饰，有的华美，有的则富有居家日常感，虽然器物配饰一般是墓主所能接触到的"顶配"级别，却仍不失现实生活的温度。

  墓室壁画中的女性角色多为侍女或舞乐伎，她们是墓主延续生前安逸愉悦的享乐生活的重要配角，穿着的一般是比较日常的服饰。唐代女性服饰的主要构成是裙、衫子、帔子（披帛），并且常在外面加一件半袖，已经不是两汉时期以长袍为主的服饰了，因此即便裙子也很长，但依然可以显得十分轻盈灵活。

  初唐时期的女装主要延续了隋代的风格，而隋代开国君主杨坚接过的是北周的江山，因此这段时间的服饰可以明显看出对胡服风格的偏好，身形瘦削、袖子窄小、衣衫轻薄、裙腰甚高，而装饰则十分精练，南北朝时期就已经流行的条纹裙在这一时期的条纹变得更多更密，显得女子的身形十分纤细高挑。死于贞观年间的李寿是唐高祖李渊的堂弟，他的墓葬壁画舞乐图里便有一众穿着红绿条纹高腰裙的女子，与传为阎立本所绘名作《步辇图》摹本里给唐太宗李世民抬步辇的宫女服饰如出一辙。只不过《步辇图》中的宫女为了行走方便，将裙子提高在腰间扎束，这一调节衣物长短的方式和前文介绍过的裤褶相同。以条纹裙为线索，在段简璧墓、新城公主墓、韦贵妃墓等唐墓壁画中可以看到，条纹越来越细密，而裙腰的高度则有所下降。隋代时，裙腰高度几乎在腋下，到唐高祖时期已经逐渐下降到了乳下位置。而此后，条纹的潮流逐渐淡化。

进入盛唐时期，下降的裙腰、低浅的领口，让女性丰腴的体态逐渐显现。此时女性的披帛也经常出现在比较显眼的位置，它一头掖入衣领或裙腰中，一头绕过脖子自然下垂或卷在手臂上。女性的发髻高大却简约，基本没有古装剧中那么琳琅满目的饰物，发髻往往呈现出优美而具有动感的曲线形状。从新疆吐鲁番阿斯塔纳古墓群中出土的木头假髻可以看出，头顶部分的整个形状都是以此类形象为参照制作出来的。另外，女子穿着男装、胡服虽然自魏晋南北朝时便已成为风气，但到了唐代才真正成为风潮，不过女子穿着男装时，往往依然保留女性的梳妆，并且穿着鞋履而不穿男性常搭配的靴子，可见是要取其便捷飒爽，而不是真的要扮作男子。除了发髻，当时的女性还偏爱戴各种胡帽，比较熟悉的有带有裙边的幂䍥（mìlí）、帷帽，比较精美的则有形态各异而装饰华丽的帽子，一般都比较高，以便笼住发髻。

裙腰的位置很高

腰部另外加了扎束

裙下穿着裤子

△ 唐代阎立本《步辇图》（局部）

△ 新疆阿斯塔纳张礼臣墓出土舞伎图

都说唐代以胖为美，其实唐代女子真正开始"发福"已是唐代建立大约百年以后的事了。这一时期的女子衣袖与裙子都开始变得宽大，发髻变低，更多发量被梳在两鬓与脑后，面部显得更为圆润。杨贵妃究竟是不是胖子很难说，但可以从与她同为唐玄宗李隆基宠妃的武惠妃墓葬图像资料里窥见一二。武惠妃墓壁画中的仕女，体态丰盈、面容饱满，但嘴巴却鲜红小巧，眉毛浓粗，头发低垂至脑后，鬓发宽厚，无一不显示着这个时期独特的女性审美。这里身穿男装的仕女，虽然戴着男子惯常的幞头，却画着鲜艳的腮红。至此，唐初从隋代继承的清雅纤丽的审美已经完全被消融了。

晚唐时期的墓葬壁画逐渐变得简化，但可以在敦煌莫高窟找到相应的图像资料来补充研究。事实上，敦煌的女供养人形象才是许多人心目中大唐女性华贵艳丽的形象来源。由于描绘的人物对象有很大的不同，唐墓壁画里主要是身份较低的侍女，而敦煌供养人往往是割据势力的女眷，出资建造洞窟的"金主"，不仅拥有财力，还有一定权力，因此即便处在同一时期，也明显可以感受出敦煌供养人服饰的精美繁复远超一般的唐墓壁画侍女。这段时期敦煌壁画上的贵族女性服饰有了进一步的发展，剪裁宽松、层次繁多，并且出现了礼服盛装，一些学者认为这些便是记载中的"钿钗礼衣""花钗礼衣"。这些形象往往在梳起的发髻上插满了各种镶嵌珠宝的花钗，其数量与分布大约与等级相关，而服饰则层次分明、图案精美，可以看出当时织造水平之高超，她们的脖颈处往往还戴着中原比较少见的璎珞项链。

△ 敦煌莫高窟第98窟供养人像

这种让我们认为十分具有盛唐气质的女子形象其实出自五代时期的敦煌洞窟

△ 唐代李寿墓壁画（局部）

墓室壁画中的男性身份比较多样，除了仆从，还有大量的仪卫、文臣、武将等。唐初服饰承袭了很多胡风，比如李寿墓中的仪卫依然穿着的是裤褶与圆领袍。在裤褶之外可以穿着裲裆，这是一种无领无袖的衣服，形制简单，一般由前后两块方形面料组成。由于戎装中有两裆铠，因此有观点认为裲裆是由两裆铠发展而来的便装。一般来说，平民或劳动者多穿缺胯袍，而身份略高的人或一般人在相对正式的场合里则穿着与缺胯袍极为相似的圆领襕袍，这些差异在壁画中往往需要通过特定角度才可以分辨出来。襕袍有交领也有圆领，以后者居多，但两侧不开衩，并在下摆处有一道拼接，被称为"襕"，一般比缺胯袍略长。根据学者考证，圆领袍式来自异域应是无疑，只不过源头究竟是哪里，尚缺确凿证据。

常与圆领袍搭配的幞头，被学者称作"（中古时期）我国男装之独特标志"。它的早期形制只是用一块黑布扎系在发髻上，而后一直发展，最终成为官帽代名词的"乌纱帽"。以布包头的传统古来有之，但一般常见于无官无职的平民，或竹林七贤这样或图其便捷或图其显露风雅的人。但经过魏晋南北朝，胡服圆领缺胯袍进入中原服饰体系，与之配套的头饰便是以布包头的幅巾。在隋代壁画里，幞头还十分低矮，隆起部分并不明显。但到了唐墓壁画里，幞头已经已有了明显隆起的形式。当时人使用巾子笼住发髻，再在上面系裹，外观便更加漂亮了。李爽墓中有一幅女版唐代服饰的《吹箫仕图》，女子虽然扎了幞头，却既没有梳发髻，也没有笼巾子，便可以看到她被黑布裹住的头发呈现出的是自然状态。又因为此时的幞头已经适应了有巾子的大小，所以她脑后垂下长长的披幅，而不像隋代壁画那样精练。幞头带在唐代逐渐由系带变硬，具有了装饰性，幞头也从软到硬，便于塑形，最终在宋代演变出看起来颇为夸张的展脚幞头。

△ 陕西潼关税村隋墓壁画（局部）

△ 唐俑上的幞头

襕袍若不论领式，其实看起来更符合汉人传统服饰，它究竟是从何起源的，至今众说纷纭。早年有学者认为，这是古代深衣制在唐代的发展，那便是主张这是中原原产了；但也有学者主张这是从中西亚地区传来的。如果从史料文献去找寻，就会发现，古人记载中就已经出现了分歧，《隋书》中认为是北周宇文护最早在袍下加襕，而《新唐书》则记载唐初中书令马周根据礼制建议加襕，但这种说法晚于襕袍实际出现的时间。《新唐书》会出现这么明显的错漏，是因为修撰的宋人更喜欢这种既符合传统礼制又影响深远的服饰起源于汉人的说法。但从墓室壁画来看，除非有更早的实证，否则出现于北周的说法更为贴切，而鲜卑统治阶层做出如此改动，也符合一贯的统治策略。

从襕袍开始出现用颜色区分等级的做法，而在《旧唐书》中也出现了用鸟兽纹来装饰衣服并表现品阶的内容。尽管服饰很早就可以用来区分阶层，但明确体现在服装上则可以说是发端于唐代，这才有了后来明清时期用不同鸟兽纹的补子来体现官员品级的做法，当然，这是后话了。

六 绘在绢帛上的清丽倩影
——宋画中人物形象的服饰

讨论服饰的历史，其实也是讨论古代人物形象的变迁，其中极为重要的一类资料当然就是绘画作品。绘画似乎是人类的本能，人们在发明文字之前便已经能用绘画来表意。但在诸多的传世名画中，宋代以前的真迹十分罕有，并且多有争议，因此宋代之前的服饰研究，在图像方面更多是讨论来自墓葬石窟的壁画、画像石等。而两宋时期大量的存世画作以及兴盛发展的绘画种类，给我们提供了有关服饰的更广阔的视野。

直白地说，只要有人物出现的地方自然就伴随着服饰。但是人物画题材在宋代以前十分受限，多以神仙、宗教和贵族人物为题，宋代开始大力开拓聚焦平民市井乡村生活的风俗画，比如著名的北宋张择端所作的《清明上河图》便是其中的代表作。这幅画在20世纪50年代之前，其实并不为大多数艺术史学者所留意，后来逐渐成为大家最为熟知的古代画作之一，完全是因为它所传递的现实主义画面。《清明上河图》以壮观的长卷、细腻的笔触观察描绘了北宋都城汴京中人们的生活，从乡野到城市，百货百态，百物百客，逼真得仿佛是一部拍摄于一千多年前的纪录片。

△ 北宋张择端《清明上河图》（局部）

从这幅写实巨作里可以十分直观地看出人物阶层与服饰的关系。以劳力谋生的轿夫、商贩、工匠等穿着无袖小褂，衣长很短，仅仅过腰而已，裤脚挽起或打着绑腿，显得十分辛劳。他们一般在腰间扎着一件衣物，显然是为了劳作方便而临时脱下的，部分人物则可以看到将这件外衣穿上时的模样，衣长及膝，有的还将衣摆潦草地打了一个结。这些人的发髻也十分简单，一般为裸髻或只用头巾简单包裹。与之形成鲜明对比的是身穿长袍的人，有穿圆领襕衫的，也有穿交领长衫的。除了伫立原地的，还有行进状态的，这些人大多骑着马或驴。他们头上不会以裸髻示人，有戴幞头的，也有戴风帽、戴斗笠的，就连他们的仆从穿着也较为体面。

《清明上河图》中的女性人物不多，但在街上也坦然处之，并没有想象中那么遮遮掩掩。她们穿着的是宋代女性最常见的对襟上衣——其实，宋代女子的真实妆扮常常会让人大吃一惊，因为它与一般人认知的女子古装迥异，与程朱理学笼罩下应当裹得严严实实的印象也完全不符。宋代女装的对襟上衣里露出的往往便是抹胸了，也就是说，从皮肤的暴露面积来算，宋代女性甚至要胜过大家印象中更为开放的唐代女性。

在另一幅名为《纺车图》（北宋王居正）的画作里出现了两名正在劳作的农村妇女，她们面容憔悴、发髻凌乱，衣服上还有被画家细致刻画出的补丁，与宋代以前衣着华丽的仕女形象完全不同。其中一个年老的女性将衣物扎在腰间，露出合身的长裤，对比南宋刘松年所作的《茗园赌市图》可以发现，她扎起来的是比裤子略短的裙子。对襟上衣因为手部动作而敞开着，露出红色的微微下滑的抹胸，她枯槁苍老的胸脯因伛偻的身姿而半露着。另一个女性背对着画面，怀里抱着一个婴儿，可以看出她的对襟上衣很短，并且正在哺乳。哺乳的场景在宋画里并不罕见，可见画家们并不避讳对此类场景的描绘，在颇具几分魔幻色彩的南宋李嵩所作的《骷髅幻戏图》中，骷髅身后便是一个将抹胸拉到胸下、正在哺乳的年轻女性。

△ 北宋王居正《纺车图》（局部）

△ 南宋刘松年《茗园赌市图》（局部）

对襟衣里露出抹胸

裙子扎在裤外

宋代较为华丽的女性形象可以看描绘仕女赏月的《瑶台步月图》（南宋刘宗古）——高台之上，清丽佳人同样穿着对襟上衣，衣长及膝，窄袖修身，显得身形苗条婉约。头上梳的也不是高高的发髻，而是戴着发冠，更显出简约秀丽的宋式审美。对襟上衣之下穿的也不是裙子，而是侧边打褶的阔腿裤，裤脚处露出小巧的翘头鞋尖。画面中的几位女子也有身份差异，其中仕女的衣长较短，衣领装饰较少，而居于主位的女子或有疑似印金的衣领装饰，或衣服周身都封了衣缘。按照文献记载，这些长短不一的对襟衣应当有不同的名字，比如旋袄、褙子等，但具体所指的服饰与区分，学者们的意见并不统一。

写实的风气不仅体现在对平民生活的刻画上，还反映在帝王的画像中。在中国古代，帝王作为"天子"，带有一定程度的神格，因此宋代以前的帝王很少有画像留下来，即便有，也趋向于笼统。而在宋代，几乎每一代君主都留下了极为逼真的画像，而画中的形象也不像《历代帝王图》（唐代阎立本）中那些被簇拥的天子，更像是坐在椅子上普普通通的人。看着这些画像，甚至可以从脑海里搜索出一两个与他们长相相似的熟人。比如，宋太祖赵匡胤是一个有眼袋的胖老头儿，而宋徽宗赵佶则是一副儒雅清秀的白面书生样子，比赵佶自己画的《听琴图》里的形象更具少年气。皇后的画像和皇帝很有普通夫妻的模样，比如历史上经历悲惨的宋钦宗赵桓的朱皇后，在画像中是一个略带愁容、容貌十分端庄美丽的女子。

衣服袖口紧窄

裤子侧面有打褶

△ 南宋刘宗古《瑶台步月图》（局部）

这些画像中，宋代帝王的着装很统一，以红色大袖圆领袍、黑色展脚幞头为主。前面介绍过，圆领袍是一种来自游牧民族的服饰，原本的形制是窄袖、短衣、长靴，但到了宋代已经完全看不出它身上的胡服"基因"了。此时的圆领袍已经完全融入中国传统服饰的审美，袖子长而阔，即便抬着手，下缘也几乎会垂到底边，并在手肘处堆出密密的衣褶。皇后则大多穿翟衣戴凤冠，以珍珠贴面作为装饰，凤冠上有龙有凤还有仙人，华美无比。从服饰的礼仪等级来说，皇后们穿得要比皇帝正式多了。宋仁宗皇后的画像里还出现了两位仕女，身穿装饰了珍珠的织金圆领袍，头顶的幞头上簪满了花。宋代审美偏爱自然，写实花草常常作为装饰题材，而这种汇集四季花朵的"一年景"也是极受人偏爱的主题。

△ 宋仁宗像

皇后用珍珠装饰面容

宫女头上装饰"一年景"花卉

△ 宋徽宗皇后像

对襟里露出抹胸

外衣侧面开衩很高

前衣摆撩起来扎在腰间，因此看起来衣服前短后长

下面穿的是裤子

传世画作往往在精细程度上要远超受限于保存条件的出土画作，故而更易于展现服饰面料的质感。其实在敦煌壁画的供养人身上，我们已经可以辨别一些视觉特征比较明显的织造方式了，但文人画作在加入画家的思考后，线条与色彩可以更具姿态感与韵律感。从出土服饰可知，宋代极为流行半透的罗织物，于是可以看到如北宋苏汉臣《婴戏图》中半透的服饰，画家极为精准地画出了服饰遮盖下的线条，以凸显面料的轻盈薄透。织金、印金、泥金等装饰也屡见不鲜，比如可以在一幅作于南宋的《歌乐图》中看到红衣上闪闪点点的金色图案。而服饰审美上中国人一贯偏爱的飘逸流畅，更是通过精湛的白描线条、从曲线与动势中体现了出来。女性的妆面配饰也被细细刻画，甚至赋予了情感。比起照片般的写实，宋代画作中人物的独特之处，便是拥有画家投注的情感。

除了可以被拿来参考服饰的画作，宋代还有以历史故事为题材的人物画，以及展现革新精神的文人画等。这些画后来逐渐脱离了写实的土壤，发展出属于自己的绘画程式，因此，在选择参考服饰的画作时，必须要留意画家的意图，以便区分哪些是基于现实的观察、哪些是来自画家的想象。

△ 南宋佚名《歌乐图》及其局部

七 藏于帝陵地宫的皇家衣橱
—— 明代定陵出土服饰文物的分析

宋代以后，出土的服饰文物逐渐丰富，并有不少完整的服饰传世留存。在纺织技艺方面，哪怕基础织物组织里最晚出现的缎纹也已经发展成熟，并且已经发展出几乎所有的纺织技艺，中国古代服饰在明代迎来了集大成的全盛时期。当明代在位时间最长的明神宗万历皇帝的陵寝定陵被打开后，一帝两后的数百件衣物宛如宝库般令世人惊叹。但限于当时的考古条件，许多易腐丝织品难以提取，大部分残碎严重，成了永远的遗憾。

冕服是皇帝衣柜中等级最高的礼服，仅用于祭祀天地等重大场合。古装剧中皇帝经常会穿着它，但实际上一年也用不到几次，也因此在图像资料里很少可以看到。定陵出土了两顶冕冠，并且还有黄裳、蔽膝等冕服"配件"，但受限于保存条件，依然需要通过《中东宫冠服》《大明会典》等文献辅助才可以窥见全貌。

皇帝平日里办公最常穿着的是常服，由圆领袍与翼善冠、革带等组成。常服之名很容易被望文生义理解为平常服装，实际上它仍然属于典制服饰，这里的"常"指的是"常朝"，也就是古代君臣平时处理政务的朝仪。各朝的常朝频次不同，有的每个月一两次，有的每隔数日便有一次。由于有例行公事的意味，虽然礼仪较为简化，但依然属于正式场合。

△ 明定陵出土明神宗乌纱翼善冠（复原）

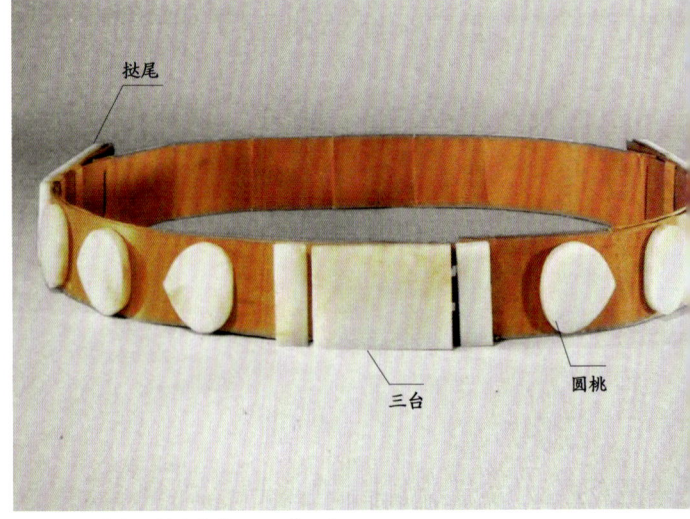
△ 明定陵出土明神宗革带正面（复原）

月（白色圆形）　　日（红色圆形）

团龙前后各三，肩二、两侧各二，共计十二团龙

宗彝
藻
火
粉米
黻（fú）
黼（fǔ）

△ 明定陵出土明神宗黄缂丝十二章纹团龙衮服（复制）

团龙前后各一，肩二，共计四团龙

△ 明太祖常服像

常服袍一般在前胸、后背及两肩处各饰有团龙纹样，早期明代帝王画像中穿着的便是这类服饰，一般所说的"龙袍"指的也是它，而非等级更高的冕服。明神宗的四团龙圆领袍至少有十二件，此外，还有若干八团龙圆领袍、四团龙交领袍等。考虑到他所处的时期已是明代晚期，服饰的实际应用在制度的基础上有所发展也属正常，这些可能也属于常服或在类似场合穿着的服装。定陵另外还有五件十二团龙十二章"衮服"，名字来自出土时衣服上的墨签。明代皇帝也有画像留下，自明英宗开始，皇帝们所穿的圆领袍便由衮服代替了原来的四团龙交领袍。

皇帝日常所穿的是便服或便装，一般是曳撒、贴里、道袍、搭护等，与平民穿着无异，大多在定陵有出土文物。贴里的形制像连衣裙，中间分裁缝合，下身打褶，可以外穿，也可以穿在道袍里面，也常见在道袍下面扎褶裙的，作用相似，都是将道袍撑起来。而道袍是明代男子最有代表性的便服款式，日常作为外衣穿着，也可以在外面搭配氅衣、披风、搭护、圆领袍等。有的文人还会在外面扎一条裙子，以模拟古代文士的风姿，尽管明代的人实际并不这么穿。

定陵出土的帝后文物中，最吸引人的大概就是四顶凤冠。尽管看起来差不多，但实际上它们分属于礼服与常服，但与文献记载略有些出入。礼服凤冠搭配翟衣，翟衣一般是深青色，上面织满翟鸟，与宋代皇后画像中反映的制度基本一脉相承。常服凤冠上挑着珠结，体量略小于礼服凤冠，搭配的是大衫、霞帔、鞠衣等。虽然从整体外观看，皇后常服要比礼服层次更多、装饰更丰富，但它的确在功能上要次于礼服。

另外还出土了属于两位皇后的上百件女装。比较奇特的是，尽管领式十分丰富，有方领、立领、圆领等，但全部都是对襟款式，大部分在前胸后背都缀了一块方形补子。按照明代宦官刘若愚《酌中志》里的记载，宫眷内臣会根据节令的不同更换不同题材的补子，比如元旦是葫芦、元宵是灯景、清明是秋千、端午是五毒、七夕是鹊桥等，与节日主题相呼应，并且十分华丽，可以让宫中的节日氛围更加浓厚。这种主要用于吉庆节日的服饰一般被称作"吉服"。

△ 明代《中东宫冠服》中的双凤翊龙冠

△ 明太祖皇后像

△ 七夕节牛郎织女鹊桥补子

　　民间女子所穿的服饰与宫中后妃的便服款式差异不大，与定陵出土女装相比，有更多交领斜襟、圆领大襟等形制。明清女子主要是上衣下裙的搭配，在当时小说中常用"三绺梳头、两截穿衣"来指代妇女，可见这就是当时女子的典型装扮。明代裙子一般分作两大片，打褶后以裙腰相连，穿着后在前后中间重叠成两层。从穿着后的外观看，裙子前后正中都不打褶，留有一个光面，这种裙子被称作"马面裙"，一直沿用到民国时期。明代人喜欢以横襕的方式装饰裙子，层次多样，且装饰贵重。

作为帝后死后陪葬的衣物，定陵出土的服饰文物无论是面料种类还是纹样主题，处处都显露出皇家气派。除了前面提到的呼应节日主题的图案，还有各种体现四季繁盛的花卉植物，以及寓意福禄多子的纹样、吉祥如意的宝物等，更少不了皇室必备的龙凤图案。仅以代表皇权的龙纹为例，就有头朝上的升龙、头朝下的降龙、动态的行龙、装饰性的团龙等，并且在图案设计上呈现出龙戏珠、龙蹈海等各种形态。其中有一件百子衣，上面绣满了形态各异的童子，是以人物为题材中最为生动精美的一件。丰富的图案需要以高超的织造刺绣技艺来实现，明代大量使用的妆花、缂丝等工艺，让服饰的图案大小、色彩多寡不再有局限，大大丰富了衣物设计的可能性。

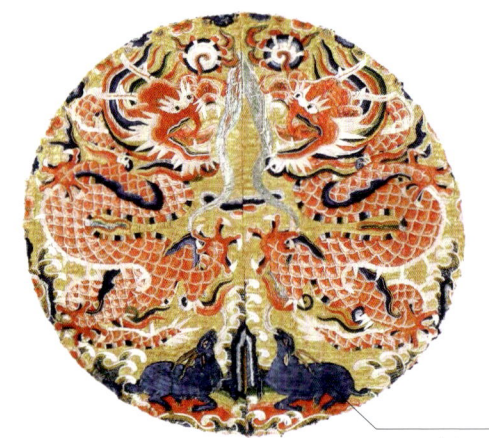

△ 明代龙纹阳生补子

十一月（冬至）可穿，图案中的羊与"阳"字谐音

中秋节可穿

△ 明万历刺绣云龙纹玉兔补子

上元节（元宵节）可穿

△ 明万历刺绣双龙抢珠灯景补子

△ 明代洒线绣秋千仕女经皮面

清明节可穿,清明节原来没有扫墓的习俗,人们以荡秋千为趣

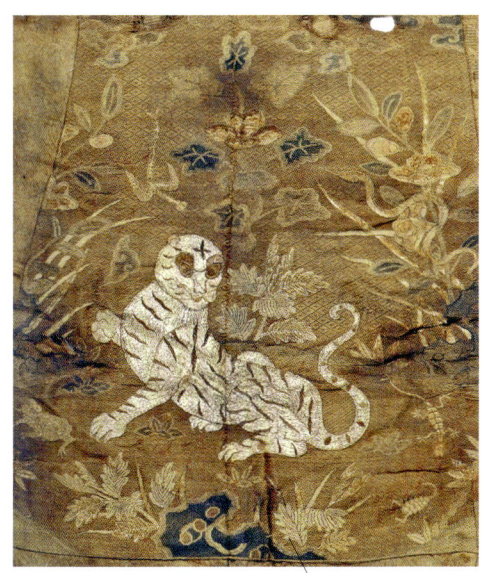

△ 明代端阳节五毒艾虎补子

端午节可穿

△ 明万历红地洒线绣金龙重阳景菊花补子

重阳节可穿

八 戏台上的前朝衣冠
——清代戏曲服饰简析

进入清代，明代衣冠在一定程度上以戏曲服饰的形式保留在了舞台上。由于戏曲独特的穿戴规范，使得保留下来的服饰以一种近乎"平行宇宙"的奇特路线发展着，并且又和现实社会的潮流产生着奇妙的互动。

戏曲在我国具有悠久的历史，在历经宋、元、明三代的发展后，到了清代，各个剧种流派空前繁盛，上到达官显贵，下到平民百姓，都对戏曲趋之若鹜。清初时期，许多文人以戏曲创作的形式抒发自己对清廷的反对情绪。正所谓"国家不幸诗家幸，赋到沧桑句便工"，其中不乏传唱至今的经典之作，比如孔尚任的《桃花扇》、洪昇的《长生殿》等。后来，清代学习明代，设立了专门承应宫中演戏的机构，但修撰《四库全书》时已经不像明代《永乐大典》那样专门收录戏曲，宫廷戏曲的发展主要依赖于皇帝对此的偏好，其中以乾隆、光绪两朝最为兴盛。现在故宫中的畅音阁大戏台以及没有对外开放的漱芳斋戏台、倦勤斋室内戏台等，都是乾隆时期修建的。

康熙到乾隆时期的戏服，从外观上看与明代服饰十分接近，许多面料可以明显看出织造年代要早于成衣时期，其中就有明代面料。有一件妆花缎百蝶穿花纹女帔，衣料是康熙时期苏州织造局的贡品，在乾隆时期被制作成戏衣。女帔的花纹与形制都与孔府旧藏的明代桃红纱地彩绣花鸟披风很相似，而这种直领对襟、两侧开衩、衣襟用系带或扣子固定的披风，在明代是男女都可以穿着的外衣，经过美化，到了戏曲中被称作"帔"。戏曲的服饰名词有自己的读音，一般不见于字典，这个"帔"在业内念作"披"。和披风一样，帔依然是男女皆有且为有身份的角色穿着的便服，其中女帔比男帔略短，可露出裙。

同为百蝶穿花题材的还有乾隆时期的闺门帔，对襟立领，在戏曲里被称为"褶子"，这里的"褶"惯常念作"学"。在两百多年前日本出版的一本关于乾隆时期清代风俗的著作《清俗纪闻》里，正好绘制了与此高度相似的款式，并将其注释为"披风"。更有意思的是，几乎与这几件传世闺门帔在色彩花纹上都同款的，还有清初《金瓶梅》插画里的女子、《康熙万寿图》和《崇庆皇太后万寿图》中街上汉人女子所穿的衣物。在清代，皇帝、太后的寿辰一般也是节日，会上演各种承应戏，因此这几幅《万寿图》中也出现了戏台的场景。戏台上的人与街上的女子，从发型到服饰都依然保留着明代风格，差异并不大。

△ 清宫褶子戏衣

△ 清乾隆闺门帔戏衣

不过男装就没有女装那么"幸运"了，戏曲中的服饰无法与清代现实中的穿着相对应。前面介绍的褶子，在戏台上其实泛指许多长袍便服，男性款式一般就是交领斜襟，在领子处加一截白色护领，俗名"道袍"。人们往往误以为名为道袍是因为这种服装与当时和尚、道士的打扮相似，其实这是源于明代对此款服装的称呼，其适用的角色和场合也与明代相仿。不过，出于舞台表演的需要，道袍原本两侧的摆被舍去，只留下了开衩。另外还有一种与褶子相似的开氅，从背面看一般多出两条外摆，是明代的直身在戏台上的遗存与发展。

乾隆皇帝本人是一个"Cosplay"（角色扮演）爱好者，他和他的妃子们留下了大量的古装行乐图。说是古装，其实仅限于他个人的理解，其样式更接近戏台上的装束，比如前面提到的褶子、男帔、女帔等都有出现。尤其是妃嫔们所穿的女装，由于当时戏台上的装束与汉装很接近，因此常常也被认为是汉装画像。

清代独有的服制在乾隆时期也逐渐渗透进戏曲服饰中，只不过对于此时的戏台而言，台上人所穿的属于时装范畴。比如加了马蹄袖的箭衣，素的是衙役们穿着，加上龙纹便可以扮作帝王。此外，还吸收了当时旗人女子的服装作为戏台上异族女性的服饰，不区分朝代，也不区分民族，比如《四郎探母》中辽国萧太后的女儿铁镜公主穿的便是旗装。戏台上的旗装也随着清代旗人女子的着装潮流变化而调整，清宫旧藏的几本戏画里的铁镜公主，两把头的梳法就比较低矮，而如今早就是又高又大，并且使用黑缎之类的面料制作，这种就属于清末到民国的样式了。

贩夫走卒的衣服明显会短一截

女子用头巾包发下穿马面裙

△ 明代佚名《皇都积胜图》（局部）

明代街头景象

这种"古装"与"时装"交错发展的戏曲服饰，在一定程度上反映了人们理想化的服饰审美。进入民国以后，现实中的服饰进一步与古装脱离，梅兰芳等大师又大刀阔斧地进行了戏曲改革，大量参考古代仕女画设计了新古装。这是因为，到了晚清时期，戏曲服装已经不可避免地高度程式化，而仕女画中的形象呈现出一种雅俗共赏的理想女性装扮，于是这些新的装扮颠覆了当

画中男性装扮模仿明代

△ 清代宫廷画师《（乾隆帝）观孔雀开屏图》（局部）

△ 清代后妃古装像

时的京剧服饰。以前的裙子穿在衣服里面，显得衣服很长；梅兰芳则将裙子扎在衣服外面，并将袖子改窄，这样裙子就显得很长了，整体更为轻盈。此外，还在外面增添了丝带、玉佩等装饰。服装的料子改用清雅飘逸的面料，绣花装饰也改了原本的制式，并且还综合运用了许多当时比较先进的如舞台灯光技术等来辅助展现服饰之美。

梅兰芳的"新古装"影响了民国及后来的早期古装片，在韩日服饰文化进入中国之前，这种头顶梳高髻、脑后留马尾、身穿束腰长裙的古装形象是最为典型的。在现在人们的古风文化里，这种印记依然难以隐去。

△ 梅兰芳新古装形象

第二章

头顶风华

- 束发——将头发盘成大人的模样
- 幞头——中古时代中国男装的独特标志
- 发髻——没有皮筋和发夹，古人如何梳出高髻？
- 头饰——头顶一片风云，看虚实，分高下，通东西
- 饰品——最好的设计师总是大自然
- 胡帽——很美，有异域风情，也很实用
- 帽子——那些今人在意和古人忌讳的问题

一 束发
——将头发盘成大人的模样

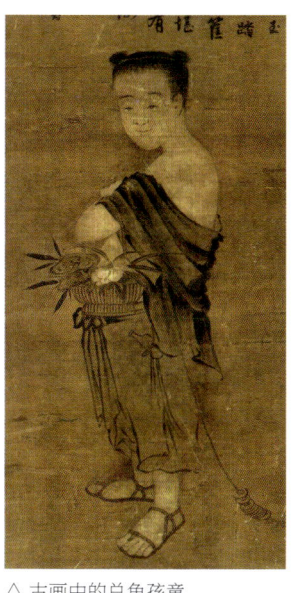

△ 古画中的总角孩童

基本概念

古人会使用一些与发髻、发冠、发饰等相关的词汇来代称不同的年龄：比如留着下垂发型的幼童称作"垂髫"；稍大一些后，孩子会将头发分开扎束如角，称作"总角"；而开始将头发盘起时，则称为"束发"。男女的成年礼各不相同，女子戴发簪称"笄年（及笄之年）"，男子戴发冠称"弱冠"。

与发型有关的年龄称谓对照表

称谓	释义	估算年龄
垂髫	儿童下垂的短发	3—8岁
总角	将头发分作两半，分别扎束如角	8—13岁
笄年/及笄	女子年满15岁可行成年礼（笄礼）	15岁
弱冠	男子年满20岁可行成年礼（冠礼）	20岁

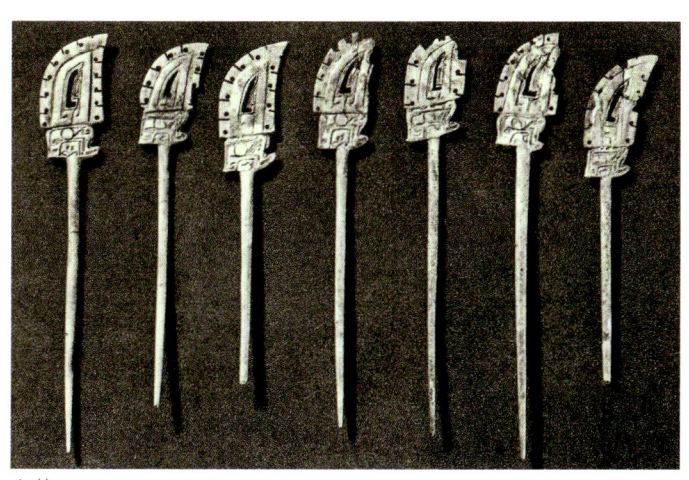

△ 笄

🔷 趣闻

我们现在对古人模样的具体印象大多来自古装剧。但是现在的男演员大多是短发的，只能用各种假发套做出束发高髻的造型。而这些造型并不统一，有的造型是将头发全部束起，有的则会在脑后留下一半披发，还有的会做出一些刘海、垂辫等。

△ 古装剧常见男性发型

下面我们用几个对大众来说比较熟悉的影视形象来举例说明，他们正好可以被视作四个不同维度的男性古装扮相的设定。

《秦王李世民》中的李建成的发型是最为中规中矩的古装男性发型，特点是用头套将演员自身的头发遮盖住，且发型整齐、头发光洁。至于有人纠结的头发是要全部束起还是半披半束的问题，反倒不那么重要，只是造型师对于头套的选择不同而已。从影视剧角度出发，半披半束的造型对演员自身头发的遮盖作用更强，类似的还有全束的头套在脑后留一截短茬，都是出于这个需求和目的。

《雪花女神龙》中的欧阳明日相比于前者，鬓角多了两条垂发。这种造型常见于武侠剧，历史正剧一般会避免采用。最好的例子就是《琅琊榜》，梅长苏身在江湖的时候发型就是第二种模式，进入宫廷斗争后就转换成第一种模式。

《逆水寒》中顾惜朝的发型则更具有"设计"意味，即便再不了解历史的人也不会相信古代男子会是这个样子的。像《小李飞刀》中李寻欢的"泡面头"，是经典还是辣眼，靠的是造型师对于角色形象的把控，以及演员对于角色魅力的把控。

《仙剑奇侠传三》中的徐长卿，乍看和第一种模式一样，其实不然，这个维度的发型时下一些偶像剧出身的演员更常用。他们的共同特点就是对于特写镜头最常刻画的部分作"设计"处理，其他部分遵照"古装"处理。最突出就是发际线不再使用千篇一律的古装头套自带的"美人尖"，而使用演员自身的形象。这样的好处就是，让一些不怎么适合古装或者原本形象与古装差距较大的演员在古装扮相上更容易让观众接受，或者以此适应发型潮流。可以说，这是一种看似新锐、实则保守的做法。

◈ 穿戴攻略

说了这么多，其实无论上面哪一个扮相都只是古装剧里的造型而已，绝非历史上真实的发型！因为古代的成年男子极少将自己的发髻赤裸地展示出来，越是有身份的人，越不会这么做。我们熟悉的秦陵兵马俑中，哪怕最普通的士兵也有一部分是戴着软帽一般的包裹物，略有级别更是会戴代表他这个级别的冠。

比如我们在历史课本上都见过的东汉击鼓说唱陶俑，袒胸露腹，着裤赤足，头上却扎了一个和"白羊肚手巾"很相近的物件。这个说唱俑一方面可以说明，不裸髻的风俗是不分贵贱的，另一方面，也向我们展示了当时社会底层男性的头上装束是什么样子（一般来说，由史官执笔的历史资料更集中表现的是社会上层的人们）。他头上系的很有可能就是帩头，不过它和"白羊肚手巾"一样，都属于包头巾的一种。各种形式的包头巾是中国古代平民的标志，因为当官了就会戴冠，于是人们就用"解巾"表示去当官了。

△ 秦俑束发后视图　　　　　　　　　△ 东汉说唱俑

古代底层男性头部也要扎巾

包头的形象在唐代壁画里比例就更高了，士卒们都用幞头包裹发髻。而古代放浪形骸的代表人物竹林七贤，哪怕连衣服都不好好穿了，却还记得把发髻裹一裹，就好像发髻是身体的重要部位，是必须遮蔽起来的。竹林七贤的装束，应该就是属于没有品级意义的巾帽，孙机先生认为可能是从汉代的幅巾发展而来的。

△ 竹林七贤与荣启期画像砖

放荡不羁的竹林七贤即便"衣不蔽体"，也依然会束发扎巾

此外，古代男子会像穿衣服一样，在发髻外面戴上不止一层的"外套"，哪怕有些从外表根本看不到。以明代为例，哪怕是日常装束中都要给发髻带上一个束发冠，再在外面戴上巾。

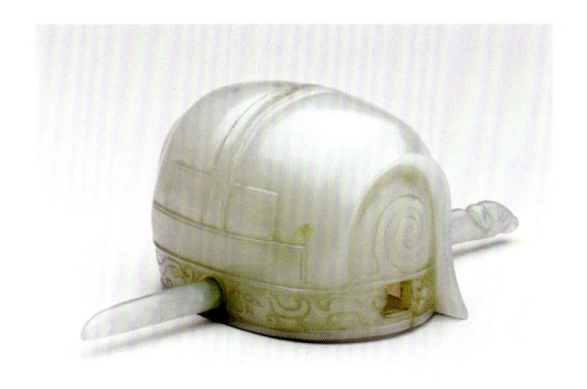

△ 束发冠

赵佶的发冠为前后固定，类似如今道士的子午簪

巾相对于帽来说，柔软、方便且可调节等特点是它平民化色彩的延续。比如我们看白羊肚手巾和初期的幞头，都是随便那么一扎，对于穿戴者脑袋的尺码没有固定要求。而我们所熟悉的巾，比如方巾，虽然没有胎，在尺寸上却比包头巾的限制更多。因此古人也会有用于调节的装置，就像现在的鸭舌帽后面有扣可以调节大小一样。

△ 北宋赵佶《听琴图》中赵佶本人的束发形象

△ 飘飘巾

△ 东坡巾

风帽与斗篷并不相连，如今影视剧中的连帽斗篷为今人"创新"

△ 方巾 　　　　　　　△ 风帽 　　　　　　　△ 幅巾

△ 六合一统帽 　　　　△ 明大帽 　　　　　　△ 大帽

明代还流行一种起到整理发髻作用的网巾，也是戴在冠帽里面，用于整理束发男子的发际线，如今依然可以在韩国的古装剧里看到外观有些不同的遗存。而与网巾经常搭配出现的一个纽扣般的东西，在韩剧中被称为"贯子"，就是用于调节网巾的。作为装束的输出国，我们的古代男子当然也有类似的东西，称为"环"或"金环""巾环"，此物最早在宋画里就可以看到了，在明代的一些出土实物里也依稀可以看到其踪影。此外，韩剧中男子发髻上的多重穿戴也是从中国明代发展而来的。

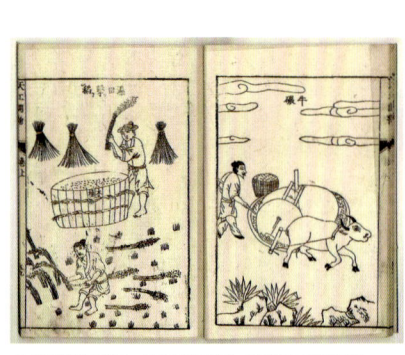

韩式网巾较为简单，明代网巾包覆头发的面积更大

白色圆圈为巾环

△ 明代宋应星《天工开物》中的明代网巾 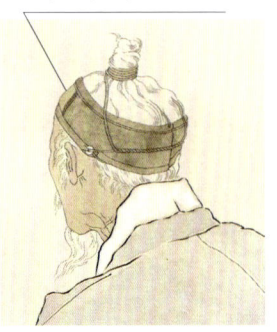　　△ 韩国网巾束发图 　　△ 南宋佚名《杂剧打花鼓图》中人物头上的巾环

二 幞头
——中古时代中国男装的独特标志

◈ 基本概念

幞头又称为"折上巾""软裹"等,是一种包裹头部的纱罗软巾,起始于汉代。因幞头所用纱罗通常为青黑色,也称"乌纱",所以俗称为"乌纱帽"。幞头因穿着便利且富有变化而深受宫廷内外、社会各阶层的欢迎,成为百官士庶的常服。

◈ 趣闻

说到中国古代男子在头上戴的东西,最具代表性的就是幞头了。孙机先生说幞头是世界上独一份的,几乎可以视作中古时代中国男装的独特标志。幞头一开始只是用有四角的布来扎头,两角扎在额前,两角垂在脑后。从南北朝开始出现以后,历经隋、唐、宋、元、明诸代,可以说涵盖了很长一段历史时期。它其中的一个发展产物就是我们很熟悉的"乌纱帽"。

故事要从很久很久以前说起,至少可以推到汉代。那时候还没幞头什么事,平民男子都喜欢用布包头,称为"绡头""帩头"。著名的乐府诗《陌上桑》里就有一句"少年见罗敷,脱帽著帩头",说的就是这种用布包头的男子装扮。

隋代男子的头巾低矮

△ 隋代幞头

尽管用布包头的方式流传得非常久远，但是幞头却不是从它继承发展而来的，更可能是来自胡服。具体来说，幞头可能与鲜卑人有关。鲜卑服饰曾经大面积影响过中国古代北方人的衣着，留存下来的服饰遗风自然也就很多。这样一来就能理解《天龙八部》里慕容复的"心理阴影"了，看看这满地的故国衣冠啊……

而幞头的源头，孙机先生认为是被后世标记为"风帽"的一种在帽后带披幅的帽子。这种披幅可能和北方游牧民族所处的特殊地理环境以及他们本身的编发有关，那么进入中原以后就慢慢变得不必要了。披幅被扎起来，就逐渐形成了最早的幞头雏形。

到了唐代的前一个朝代隋代的时候，幞头的模样已经初具规模了。隋代的幞头尽管没有唐代前低后高的落差，但是已经具备了四个脚，也就是分别在额前和脑后两两相系的四个带子。而唐代的幞头为什么会有奇怪的落差，一开始大家都不知道，毕竟是被藏在那块黑布之下的世界，只能通过文献去推测，直到新疆阿斯塔纳古墓群出土了唐代的巾子，才让这件事尘埃落定。

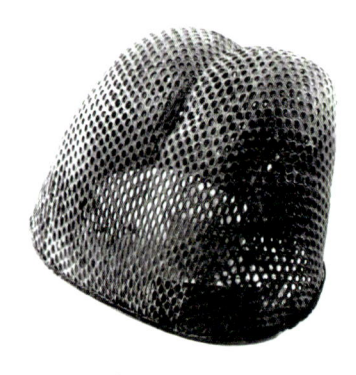

△ 唐代幞头　　　　　　　　　　　　△ 巾子

到了宋代,幞头已经不再被用作巾,而是被做成了帽子。帽子与巾的区别在于帽子是有胎的,形态相对固定。乃至于明代皇帝所用的也是一种硬脚向上折的幞头后代,可见幞头家族的强盛。

宋代的幞头形状方正,已经不是用头巾扎束了,而是直接成型的盔帽

△ 宋代幞头

△ 明代乌纱帽

从幞头的巾到后来的乌纱帽,这一块黑布就这样完成了"飞升"。没有人在乎它是不是来自胡服,服饰体系兼容并存,同样是在印证文化的多样性,以及中华文明无与伦比的包容能力。

❖ 穿戴攻略

一个巾子,一块黑布,就形成了一个很有大唐气象的妆扮,是不是很有趣?而且过程也不难,可以参考下页的几张图。由于这种幞头每次装扮前都需要重新裹一次黑布,因此额前和脑后的绳结怎么打并不重要,更影响其发展的是巾子。大家可以通过改变巾子的形状和在头上摆放的位置,来改变其最终的效果,就像前文提到古装造型中会对假发套所作的一些改变那样。

可看出包在幞头之下巾子的轮廓

△ 幞头扎束细节

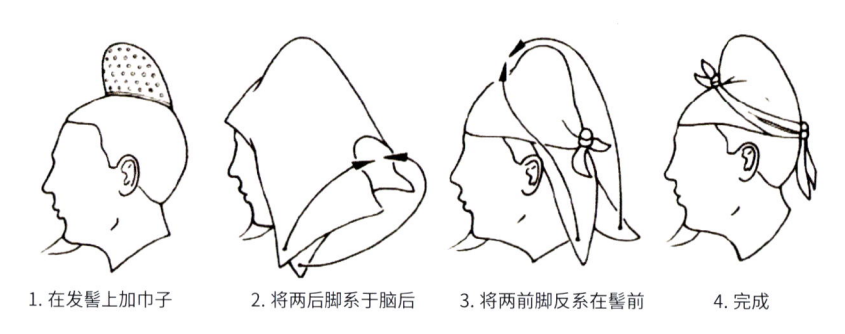

1. 在发髻上加巾子　　2. 将两后脚系于脑后　　3. 将两前脚反系在髻前　　4. 完成

△ 孙机先生绘制的唐代软脚幞头系裹示意图

幞头的那块布是那么有趣，所以爱美的唐代男子不仅找各种好用的面料，还发明了不同的裹头方式。比如使用轻盈薄透的纱罗面料，比如将面料沾水增加贴合度等。可是人总是越来越懒的，于是唐代中后期开始流行硬裹幞头，就是将原来需要每次妆扮都裹一次的布一劳永逸地固定到巾子上面，这就有点类似帽子的意思了。

周家新样替三梁，裹发偏宜白面郎。
掩敛乍疑裁黑雾，轻明浑似戴玄霜。
今朝定见看花憩，明日应闻漉酒香。
更有一般君未识，虎文巾在绛霄房。

——唐代皮日休《以纱巾寄鲁望因而作》

△ 唐巾（软翅纱巾） 　　△ 展脚幞头

有了硬裹幞头，原来由于使用布扎系而产生的各种形状的脑后两脚也就不再具备实用功能。它们作为幞头最早的形式被保留下来，演变成各种装饰意味很重的形态，因此硬裹幞头也叫作"硬脚""展脚"等；又由于装饰化的幞头脚很像两个翅膀，因此也叫作"硬翅""展翅"等。戏曲里的幞头，虽然大多是从明代继承而来的，但是出于塑造人物角色的需要，这些幞头也做出了许多有趣的改变，可以借鉴一二。

△ 凤翅幞头

△ 交脚幞头

△ 朝天幞头

△ 结巾

△ 乌纱帽

△ 折上巾（翼善冠）

三 发髻

——没有皮筋和发夹，古人如何梳出高髻？

❖ 基本概念

发髻是指古人在头顶或脑后盘成的各种形状的发结。由于古装影视剧的演绎，这些"横看成岭侧成峰，远近高低各不同"的发式成为许多人想象中古人装束的一部分。很多时候我们只谈到男性在民国时期开始剪掉辫子，却很少讨论女性的发髻为何后来会消失。本节就来了解一下女子发髻的相关内容。

❖ 趣闻

因为古代发髻只能通过画像、陶俑看到外形，确切详实的梳头手法记载却很少，所以这里主要来了解几种流传至今的发髻。

● 客家髻鬃

旧时小说里形容女子的时候往往会提到八个字，即"三绺梳头，两截穿衣"。这八个字被认为是汉家女子的特征。两句话中，后者指的是女子穿的服装并非一通到底的袍子，往往是衣裙或衣裤的组合，只是衣服的长短在不同年代、不同场合有所区别。而三绺梳头现在一般被认为值得参考的就是客家髻鬃。

客家属于汉族。客家髻鬃一般分为三把头、两把头与一把头，后两种可以算作是三把头的简化版。拿最典型的三把头来说，这种梳头方法是将头发分成上中下三股，其中额前到头顶的这股称为"门股"；也有分为左中右三股的，一般情况下会垫一些假发或刮发使它蓬松起来，那么正面看就是一个头发很饱满的效果了。这么一分析不难发现，其实福建的湄洲妈祖髻以及日本的岛田髷都有着类似的梳头逻辑，只是分股的手法、鬓发的处理和合拢以后的造型导致了效果上的差别。而在一些明清古画、民国老照片里，我们也不难发现与其十分类似的形象。

另外，分布于贵州的穿青人提出的自己独特的梳头方式时所用到的三把头，无论是词汇本身还是梳头方式，都与客家髻鬃的三把头如出一辙。

△ 客家髻鬃

头发一般先分为上中下三区，而后扎束成髻

花簪

● 簪花围

簪花围，顾名思义就是在头上簪花。簪花这件事我们并不陌生，比如著名的唐代周昉的《簪花仕女图》。美丽的花卉天然就是最美好的装饰物，各朝各代无论用鲜花还是仿生花，簪花都是极为通用的装饰。直到今天，福建的蟳埔女簪花仍会根据一年四季的变化更换花的种类。

簪花下面真正的发髻其实依然是"三绺梳头"的遗风，大家可以感受到类似的梳头思路，可见同样的梳头逻辑可以演变出许多完全不同的变化。从外观看，簪花围只是一个盘成螺旋状

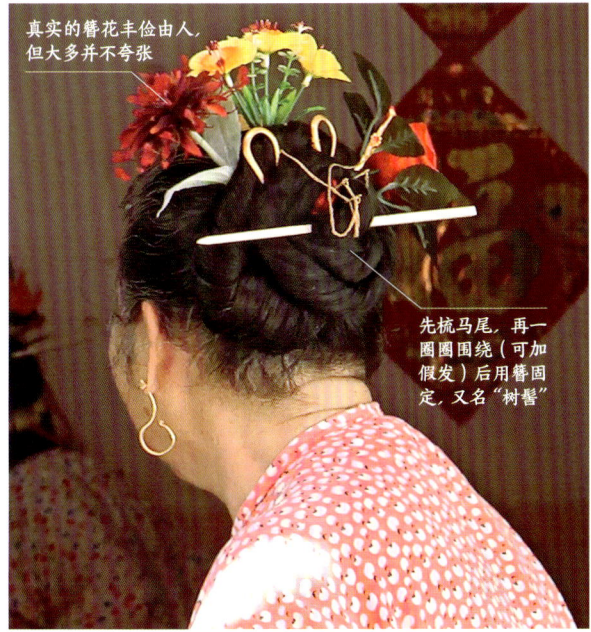

真实的簪花丰俭由人，但大多并不夸张

先梳马尾，再一圈圈围绕（可加假发）后用簪固定，又名"树髻"

△ 簪花围

△ 福建蟳埔簪花围使用到的簪钗和发梳

的发髻，其实它是分区梳头的，只不过是分成前面的 1/3 和后面的 2/3 两部分。与客家髻鬃相比，相当于脑后的那个分区被省略了。不过由于簪花围是比较低的发髻，两者在功能性上没有太大差别。

● 圆髻

与簪花围相近的发髻是晚清到清末民初汉族女子的圆髻，在如今很多地方仍可以看到类似的发式。比如号称明代装束的屯堡（贵州安顺）女子发髻、苏州水乡女子的发髻等，惠安（福建泉州）女子现存的发型里也有类似的样子，只不过是用制作成形的圆髻别在头发上。

圆髻的梳理可以参考苏州水乡女子的传统发髻，簪花围应该是在这个基础上简化又夸张出来的。说简化，是因为苏州水乡女子的发髻是较为规整地先梳理出一个类似底座作用的基础，然后进行盘绕（但是从《汉声》杂志所载的梳理过程来看，已经不再分区梳头了）。而簪花围更简单，在手上绕出发髻然后直接用如筷子状的象牙簪固定即可。两者的头面装饰也很相近，分别由起固定发髻作用的发簪和装饰作用的发簪组成。现在由于很多"Cosplay"（角色扮演）或影视剧中的古装发型都采用现代造型的各种手段，因此大多时候发簪都是起装饰作用的。

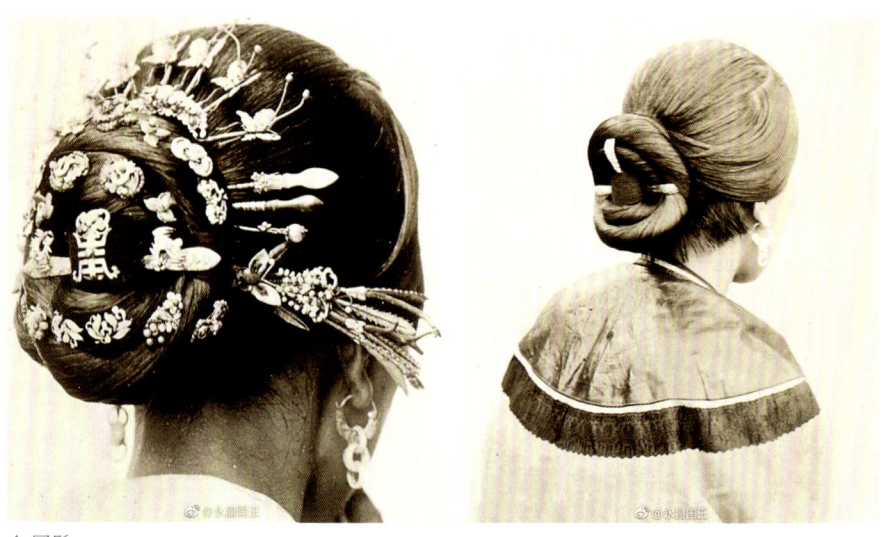

△ 圆髻

● 古风高髻

前面提到的这些传统发髻看起来都很低矮且实用，而我们从古装剧看到的许多发髻则又高又大，那些发髻在历史上是真实的吗？那么高的发髻又是如何固定的呢？其实固定是一个逐步累加的过程，就像造房子一样，有地基后才有上面的建筑，每一层的累加都需要固定。

今人常用的几个比较简单的古风发髻，有的只用一根长簪固定，但那一定是一个极为简单的发髻，并且不能蓬松，因为它只有一个固定点，需要通过盘绕让长发紧紧依附在这个固定点上。还有一种发髻（其实是道教的太极髻），先扎一个马尾辫，再加一根长簪，然后分股盘绕。马尾辫充当的就是"地基"的作用，长簪固定在马尾辫上，将这个地基可以固定的范围扩大了。了解这个原理后，无论直接分股盘绕还是将每股头发都拧转或编织后再盘绕，都可以将固定长发的力量更均匀一致地传递过去。

发髻的模样固然千变万化，但脑袋的形状是相似的，因此固定发髻的基本思路和逻辑就是相同的。越是高高耸起的发髻，其固定的点就会越高。

还记得《凤囚凰》里楚玉有一个形状像缝纫机一样的发型么？过分夸张的庞大固然是它的问题之一，但扰乱我们观看心绪的其实是这个发髻设计上的不合理——它没有"地基"。发髻上唯一的簪子，尽管有很长的簪脚，却只能用来固定簪子本身，还固定得非常浅。至于其他看起来很有分量的头发部分，缺乏相应的固定结构。人的眼睛本来就自带纠错功能，于是观众就不停在脑海里弹出"错误警示"。

《凤囚凰》里庞大而古怪的发髻有很多，但稳固的至少不会出错，只有那些看起来摇摇欲坠的才会给人惊吓。

由于现代人大多难以像古人那样在日常生活中频繁梳起高大复杂的发髻，而本书的重点在于讲解如何将传统服饰融入现代穿搭，因此对于唐代的惊鸿髻、双环望仙髻以及明代的元宝髻等古代经典发型，本书暂未涉及，这些内容将留待日后与大家分享。下面介绍几种与发髻相关的物品。

● 头绳：层层盘绕的红缨

尽管说起没有皮筋的年代，很容易就会让人想到头绳，但两者其实还是有区别的。头绳是有装饰作用的，一般很长，可以均匀地绕在头发上，紧密而整齐，这是皮筋做不到的。此外，皮筋只能扎一头开放的发辫，如果是要扎封闭的环状头发呢？那只能用头绳了，头绳才能每一圈都穿过中间的孔。

头绳的固定性非常好，不仅可用于发髻底座的固定，还可以用来固定一些分股的头发。正是因为它盘绕了这么多圈，与头发产生了足够的摩擦，因此即便不贴紧头皮，只是固定在中间的某一节，也不会随便移动。而且它也有一定的支撑作用，可以辅助做一些发髻的造型。皮筋使用起来更加方便，对如今的生活来说似乎更为重要，也可能因为我们现在的发型对固定的要求降低了。

头绳应该也是有所区分的,有一些就是固定加装饰作用,还有一些以装饰作用为主。像如今有些古风发带上加了绣花,那就纯粹只能拿来作装饰,甚至于发带自己都很难固定住,需要另外用发夹之类的头饰辅助固定。

●簪钗:青丝为肉它为骨

其实说起古代发髻,大家第一个想到的就是各种簪钗(有一些可能并不叫作"簪钗",比如"扁方",此处只是拿来作为一种类似物品的统称)。

若以功能来分,不同的簪钗还是有很大区别的,有的起固定发髻的作用,有的只起装饰作用,完成固定自身的基础任务就可以了。尽管很多古代发髻我们都已无法推断出内部究竟是如何梳理出来的,但其簪钗的形态仍然泄露出了一些信息。我们不一定能完全复原出这些簪钗当年的使用方式,但可以缩小范围,从而否定一些明显错误的猜想。比如十分有唐代特色的长钗,经常可以在一些所谓的复原造型里看到它,其特点就是装饰面是扁平的,并且钗脚非常长。如此轻盈的长钗,为何使用这么长的钗脚呢?钗脚长就说明固定点离装饰点比较远,换言之就是发髻表面难以受力。这是发髻蓬松导致的吗?还是说,这些钗本身也起到了一部分辅助的固定作用呢?

又比如明代凤冠、翟冠上的簪子,簪脚也很长,但簪头是立体的,戴起来后还要在上面悬挂长长的珠结,需要插得很深才不至于晃动、移位。如今很多人觉得这种凤簪好看,于是拿来插在普通的发髻上,其实是不合适的。

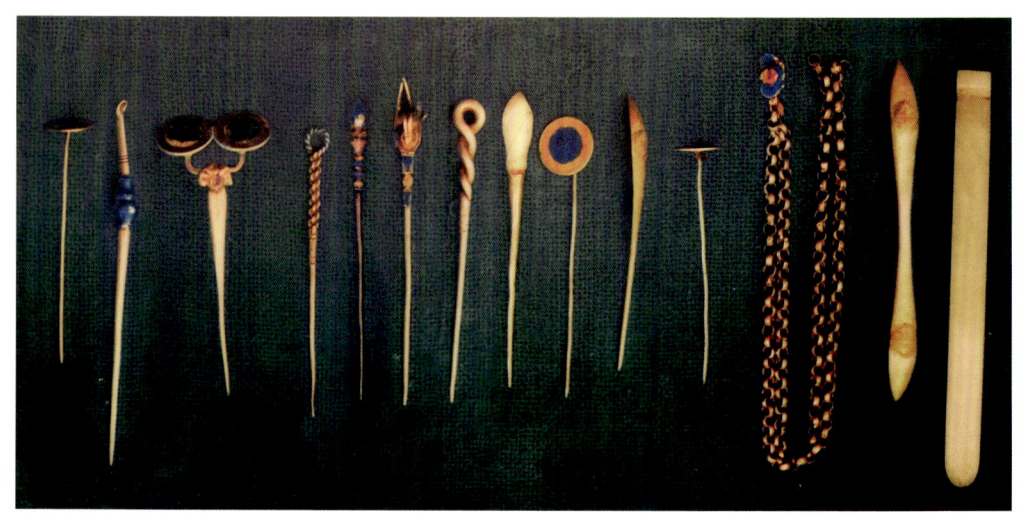

△ 苏南水乡传统发髻使用到的簪钗

在簪子使用的过程中，还有发网、发冠之类的辅助物品。最为典型的是明代的鬏髻，它就像一个发罩，留出一些孔隙便于插入各种簪子，这些簪子有些是用来固定它的，有些则是用来装饰的。事实上，鬏髻是明代普通女子较为隆重的首服，鬏髻正面的中间是分心，背面的中间是满冠。满冠形状特殊，一般呈现出有点像山字形的样子，比一般簪头宽阔，并有一点弧度。簪脚很长，是与簪头垂直的。

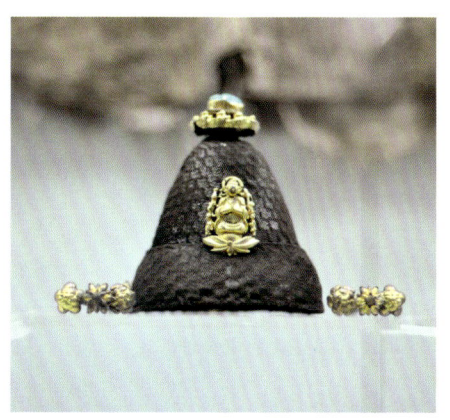

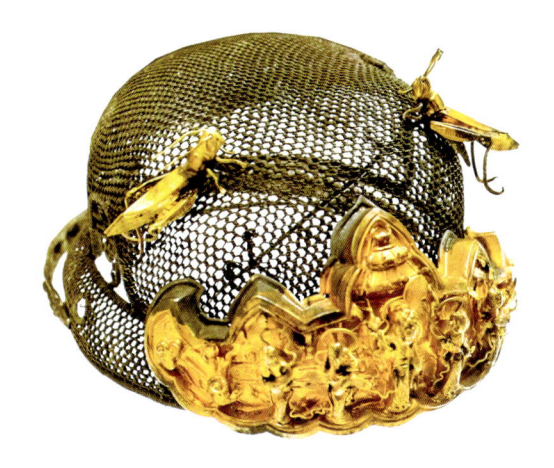

△ 明代鬏髻

● **梳子：扫平坎坷的神器**

梳子是经常会被忽略的东西，尽管我们在许多古画中都能发现女子的发髻上有梳子。现在不少所谓复原的古风发髻，都是在梳子的背面另行缠绕铜丝或者加簪脚来固定，并没有发挥过其本身的作用。

其实梳子在传统发髻里有随时随地整理碎发的功能，类似于发夹，也可以像簪子那样盘绕固定头发。由于梳子的脚很多，因此它几乎可以从任何角度插入头发，比如簪钗要想倒插，就需要另外的物品辅助，而梳子连倒插也不用辅助，自己就可以稳定住，是很神奇的工具。网上曾流传过一组苗族发型，说是与唐俑的发髻十分相似，但仔细看就会发现，她们的后脑部分与唐俑发髻相比多了一把梳子。

△ 苗族女子背面使用梳子整理固定的发髻

梳子也有各种非常好看的装饰，有的梳背上有精美的雕刻，还有垂挂如珠帘璎珞般装饰的设计，非常美丽。

● **其他物品**

古代女子头发整齐的秘密还有哪些？其实还有一些容易被今人忽略的实用物件，在古装剧里不常见，但确确实实存在。

比如头帕一类的东西，女子被代称为"巾帼"就是源于此。不同时代的头帕不太一样，名称也不同。它们一般用来裹住发髻，更常见的就是像网巾一样勒在发际线的位置。前文提到的著名的国宝长信宫灯中的女俑就戴了这样的头帕，后来的抹额、勒子之类就更有网巾的功能了。

古人还会使用类似如今发胶的东西——刨花水。它的做法是，将榆木削成长片，泡在水里，析出里面的黏性物质。刨花水价格比头油便宜，黏性比头油好，因此很受普通女性的欢迎。与此类似的还

△ 西汉长信宫灯局部

有白芨水，如今戏曲里面贴片子还在使用，效果也不错。从老照片中还可以看出，一些女子发际线偏高，并且十分整齐。这种发际线有可能是修过，去除了一些乱糟糟的碎发，效果比较像现在贴了假发套的古装头，但古装头的发际线靠前，她们则是靠后，露出一个大脑门。

❖ 穿戴攻略

一般来说，头部的梳理和服装应当相配，因此民国时期的发式和民国时期的服饰搭配，略显夸张的高髻就和古代服饰搭配。目前一些汉服爱好者梳的高髻较多地采用了古装剧里的梳理方式，并大量使用假发、发网、发夹等，这些都是以效果为导向的，与传统发髻探究传承和民俗是完全不同的。两者没有对错之分，但方向有所不同，仿古与复原、复原与"Cosplay"（角色扮演）要各自分清。

而对于现代人来说，有一个更好也更简单的选择——短发！

第二章 头顶风华 59

△ 民国月份牌中的短发少女

提到传统服饰和古代服饰，很多人认为两者是统一的，其实不然，"古代"已然过去，"传统"仍在传承。我们今天的服饰，在未来便是中国人传统服饰中的一环。传统应是与时俱进的，是时髦的。但是如何才能又快又简单还能准确地做到这一点呢？就让一百年前的女人来回答这个问题吧，那时无论东方还是西方，女人们都选择把头发剪短，让自信在短发间飞扬。

如果说长发女子符合刻板印象里东方女性的温婉形象，那么短发女子给人的印象往往是个性的、魅力的、活出自我的女性形象。把长发剪短，让脸部轮廓愈发清晰，五官愈加突出，然后用心描绘妆容……其实这就是短发在 20 世纪带领女性走过的历程。短发在世界范围里大面积流行大约是在第一次世界大战期间，女性因战争而走出家庭，承担因男性参战而空缺出来的社会职位——她们剪去了以往的长发，以短发和妆容示人，成为那一代新女性的标志。头发短了，剪出了个性，剪出了自信，女性在社会上也逐渐找到了自己的位置。

可以说，短发的出现是当时的一股流行风尚，而从更宏观的视角来看，它也是服饰发展进程中的一次变革，让女性的发型在传统发髻之外增添了一种新的选择。回到传统服饰的话题，在一些人眼里，传统服饰在逐渐老去。其实不然，它们只是在一个相对稳定的框架里缓慢前进而已，只是这个框架显得比较厚重。

短发的变化可以很多，而且短发的变化带着与生俱来的革新性，常常令人有眼前一亮的感觉，变得轻盈起来。短发其实也能搭配各种发饰，让整体色彩更加出挑。无论是现代发饰还是传统发饰再设计，甚至西洋风的发饰，短发搭配起来都很合理。

四 头饰

——头顶一片风云，看虚实，分高下，通东西

◈ 基本概念

头发是古人非常重视的人体组成部分，自然少不了装饰用的头饰。狭义的头饰一般指簪、钗、步摇等。但就和服装一样，古人的头饰也会用来表示等级，比如发冠所用的龙凤，以及花钿的种类、数量、材质等，不同阶层的人有不同的规定。对于平民女子而言，头饰有时也兼有实用性，戴之则美，取之可用。

◈ 趣闻

古代的头饰有很多种，有许多专门的论著来讨论这些，在这里就用有限的篇幅从三个小案例去了解一下头饰的作用，以及古今概念的变化。这样有助于我们在购买、使用古装头饰时，更好地选择和簪戴。

● **耳挖簪：鲜闻其名，屡见其影**

这个名字让很多人迷惑：难道它是从挖耳勺演变来的吗？还真没错。在清代，耳挖簪极为盛行，尽管我们常说清代的服饰要区分旗装和汉装，但耳挖簪却是双方都喜欢的物件。旗女的两把头和钿子上可以看到它的踪影，汉女的"三绺梳头"上也可以看到。

△ 商代挖耳勺

耳挖簪细长小巧，一般只是用作最后的点缀，这大概是由它仍然保留的实用性决定的，这样才便于取用。它装饰的位置也往往十分恣意，常常是飞扬着支棱出去的，有时候你甚至会觉得它是不是有些突兀。在中国流行的同时，耳挖簪也传播至日本，浮世绘的画里随处可见插满了耳挖簪的女子，比中国的版本更"张牙舞爪"。

耳挖簪的装饰一般从那个小小的勺子下面开始，并会留出比较长的簪脚，便于随意插入发髻。但在一些案例中，这个小小的勺子也逐渐被简化，成为整体装饰的一部分。这个过程不是迭代式，而是选择发展式。应该这么说，绝大多数的改变，虽然有发展过程中的时间先后，但最终只是成为一种选择、一种分支。可以用来掏耳朵的耳挖簪一直都存在，只是有另一群人选择了纯装饰性的耳挖簪。

△ 杨柳青年画中不同的耳挖簪　　△ 晚清油画中的耳挖簪　　△ 福州老照片中的耳挖簪

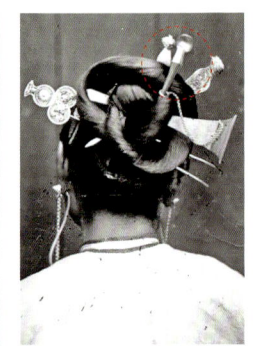

△ 与福州老照片相似款的耳挖簪　　△ 耳挖簪　　△ 与晚清油画相似款的耳挖簪

在民间，耳挖簪尽管做不到那么精工细作，但是变化也非常多，比如杨柳青年画中就出现了挂有流苏的设计。晚清的耳挖簪从烦琐累赘之中杀出了一股仙气，怪不得大家纷纷倒戈。时至今日，在保留传统发髻的地区，耳挖簪依然是一个独特的标记。它的小和它的不容忽视，成为一股暗暗涌动的惯性，十分强劲。耳挖簪不仅统一了清代满汉女子的审美，更加不分贵贱男女，几乎让所有人为之折服。

耳挖簪是非常有趣的话题，其实世间万物都不是凭空长成如今的模样的，往前一点点探索，就能找到古人趣味的演变过程，从而去窥探他们的内心世界和外在故事。

●步摇簪：盛名之下，其实难副

"步摇，上有垂珠，步则动摇也"的解释十分形象，充满了很多人对古风饰品的美好幻想，因此步摇成为很多人心目里古风头饰的代表作。很多诗词里也都提到过步摇，且每每都与"金""玉""珠""翠"等字相连，愈发显得绮丽华贵，引人遐想。但是如今有些所谓的"步摇簪"，就只是普通簪钗下面挂了一些装饰，更有甚者就是"筷子挂耳环"，别说重现诗句里的原貌，连真正步摇簪的半分影子也难见到。

一根棍子挑一串珠子的首饰形制还真的有，不过并不算常见，至少没有大家以为的那么常见。而且也不叫"步摇"，正式名字叫作"流苏"，很多时候所谓的"步摇"介绍里贴的全是它。文物的实物和名字对应是一个比较棘手且困难的课题，那么我说这个是"流苏"的依据又是什么呢？依据就是清宫喜欢在自己的东西上挂黄条（类似档案标签），然后写上一些基本信息，"某某某某某流苏"就是这些首饰的名字，而从清宫旧藏来看，这种流苏也是清代中期以后才逐渐大量盛行起来的。

历史上真正的步摇比流苏古老太多了，并且等级很高。至少在汉代，步摇就是皇后盛装礼服中的一部分了。并且当时提到步摇的时候用的量词是"具"，所以一般我们也

△ 清代流苏

会称它为"步摇冠",它是一个复杂的整体。不过遗憾的是,中国至今出土的主要是一些疑为步摇部件的文物,并且多发现在北方地区,只能通过它们来小小地窥探一下曾经的步摇的面容。

步摇的名字听起来很像中国土生土长的东西,但它有可能是一个外来品,因为在世界很多地方都有较为完整的步摇出土,比如日本、朝鲜半岛以及阿富汗等地区,中国可能是它传播路径里的一站。当然,也有学者认为步摇起源于中国,而后向外传播。

△ 朝鲜半岛出土的步摇冠

△ 阿富汗席巴尔甘黄金之丘6号墓出土的步摇冠

△ 十六国前燕时期的金步摇

步摇在东汉就成为等级很高的礼冠,诗里将它写得如此绮丽,倒也不为过。很难想象当时地球上跑来跑去的人们是怎么把它传到那么多地方的,不过,正是由于步摇家族分布地域辽阔,因此我们现在可以看到一些保留至今的步摇遗风,很多地区留下来的类似发冠都可以验证以上关于步摇的描述。

至于那些附加珠串之类悬挂物的头饰,历史上也并非没有。清代以前,明代首饰虽然也可以零星看到一些带有悬挂物的,不过依然被认为是簪子。这些簪子的悬挂物一般和簪子本身的主题相关,取的是整体的巧思,和后来以悬挂物为视觉中心的有些夸张的饰品不是一样的美学思路。此外,挑牌、凤挑珠结等大型饰物不是戴在头发上的,在明代,它们是凤冠上的部件。

△ 清代挑牌

●凤冠：鸟生巅峰，隆重至极

说到凤冠，其实历史上的凤冠和我们经常听到的"凤冠霞帔"中的凤冠还真的有所不同。凤冠可以搭配多种服饰，但当它和霞帔在一起的时候，就会被约束在狭窄的服制体系里。以明代官方服制为例，凤冠霞帔的搭配属于等级非常高的礼服，由于涉及凤冠这一项，因此在明代的服制中只有皇后、皇妃可用。

△ 宋代凤冠与明初凤冠　　△ 九龙四凤冠　　△ 明定陵出土十二龙九凤冠

其他人呢？可以用翟冠，虽然外观看起来还是挺像的，但毕竟不同。差不多在翟出现的时间，凤作为一种代表等级的瑞鸟也出现了，因此经常会有一些应该是翟的文物被认成凤，连带其他大多数雉类纹样也都容易被认成凤。它们的确非常相似，要说区别的话，根据记载，再对照明代纹样，翟跟现实的长尾雉类更相似，比如它可能会更粗肥，长长的尾巴也只是非常流畅的条状，没有其他装饰。而凤呢，不仅脑袋上会多出一些装饰，身体也会更显修长（更瘦更美丽），尾巴会有如火焰一般的锯齿状，后世还会在尾羽的末梢加上类似雀翎的装饰。不过，别说现在的人搞不清楚，就连古人自己也会常常搞混。渐渐地，更具神话色彩的凤的级别高出了翟，只在一些保留遗制的地方才能看到翟的痕迹。因此，皇后们虽然会身穿翟衣，却头戴凤冠，而翟冠则是品级更低的命妇使用的，后世不懂它们的区分，才都叫凤冠的。其实，冠上面用不用凤凰、用几只，都是关乎身份等级的事情。在明代，凤、翟、鸾等鸟都有区别，但主要是区别在脑袋、尾巴等方面，不是专业研究的人的确不太好分，所以后来就把这类顶一只或几只鸟的冠一概随性地称为"凤冠"。

我们现在经常在古风婚庆服饰市场看到的凤冠，其实既没有凤，也不能算是冠。这个错误不完全是现代人犯下的，主因还是清代服饰对于原本服制体系的冲击。上面提到的凤冠霞帔是建立在官方服制上的，哪怕出土文物或者画像和记载有出入，哪怕民间僭越屡见不鲜，但主轴仍然得到了维持。但到了清代以后，官方服制是以旗人为主的，而民间汉人对于一些命妇服装的需求仍然存在，因此大家就开始各显神通了——凤冠越来越像个人喜好的大杂烩，失去了基本的约束，甚至清末的凤冠还可以看到戏曲中凤冠的影子。

△ 清代奉天诰命凤冠

● 抹额

古装剧《陈情令》让很多人知道了人们头上的绑带叫"抹额"。其实在更早的古装剧里，它就已经出现了，只不过象征意义没有被拔得那么高。但事实上，中国历史上没有发展出所谓家纹，作者对家训、家徽的设定应该是受日韩文化的影响而加入的。

作为眉毛以上的额头装饰物，抹额在历史各处的实物上随处可见，但它们之间是否有直接的发展传承关系，还有待考证。因为这些形态不仅有较大区别，而且抹额几乎没有独创性和"研发壁垒"，无论是从其他相关物件发展而来还是突然出现，都是顺理成章的。不过我们仍可以总结一些抹额的共性，比如它没有强烈的性别属性，也就是说男女都可以用；抹额可以搭配其他巾帽或首饰使用，独立使用反而比较少见。更重要的是，它在早期应该是具有功能性的，常用来束发、保暖等，后来发展出了装饰性，因此使用鲜亮色彩或装饰珠宝的案例也很多。

早期的抹额可能和劳动需求有关系，民间多有佩戴，武士兵卒也会使用。在唐代章怀太子墓壁画上就有明显的此类形象，突出的红色抹额就扎在幞头外面。在一些诗词中，"红抹额"指代的都是行伍之人，文字自带一股从戎报国的肃杀之气，比如"红罗抹额坐红鞍，阵逐黄旗拨发官""莫学傍村游侠辈，茜红抹额臂擎苍"等。类似的还有"绛抹额""红罗抹额""绯抹额"等说法，都很常见，某种程度上可以理解为一些将卫和乐者、舞者的"制服"。

有人觉得，抹额可以一路追溯到商代，比如殷墟出土的石人，有的脑袋上就戴了一个圈儿，这是不是就是抹额的发源呢？说实话，这可能有些牵强，又难以论证。对于我们来说，更为具象或者说更为熟悉的，应该是明清时期的抹额，也叫"眉勒""箍儿"等。比如《金瓶梅》里提到的"珠子箍儿"应该就是一种工艺繁复、装饰雍容的抹额。

不过，明代虽然有日常使用这类饰物的习惯，也将其搭配礼仪性服饰，但一般是自发性的，并没有制度上的规定；而在清代皇后的礼服、吉服中，就可以明确见到一些相关痕迹。比如清代后妃服饰里的金约，在当时不同民族的后妃"排排坐"的画像上，大家脑袋上都有风格相似的额部装饰物。这里要注意，金约由于戴在额头上，它在画像上不是特别容易分辨出来，因为它戴在朝冠下面，正好露出一圈儿，会让人以为只是朝冠的装饰。

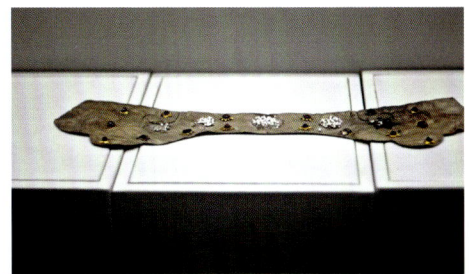

△ 明定陵出土的孝端显皇后抹额　　　　　　　　△ 明代素缎镶宝石抹额

在清宫的一些汉装画像里，女性佩戴抹额的形象更为清晰明确，而且材质也会随着季节而变化，由此可见其日常性。从抹额的广义出发，昭君套应该也算是其中一种。大家对古装的认知往往建立在影视剧上，比如1984年电视剧《红楼梦》中王熙凤戴的昭君套就是很好的具象表达。但很显然，那已经是艺术化处理后的结果，因为无论是《红楼梦》相关绘画，还是抹额的相关实物，基本看不到像剧中这么窄小的。影视剧里的设定只能用于影视剧，与现实中的实物不同，因为它不需要考虑实用性，而是更关注视觉效果。

△ 清代后妃画像中的金约　　　　　　　　△ 清代青金石金约

如果非要给抹额找一类比较好理解的参照物，大概就是发带了。发带既可以束发，也可以勉强用来保暖，即使只是纯粹拿来装饰，也是不错的选择，并且是男女通用的。

△ 抹额

❖ 穿戴攻略

本节只举例说明这几种头饰，是因为它们对于我们的搭配选择而言更有借鉴意义。

耳挖簪是一种古代常见但现代较为冷门的头饰，它的种类里既有实用性很强的，也有装饰性突出的。如果对古装的底蕴内涵更感兴趣，希望通过古装搭配获得更广阔的视野的话，那么就可以多多选择甚至是挖掘像耳挖簪这样的首饰。

步摇簪的状态正好反过来，它非常具有知名度和话题度，可以在各种现代人可接受的维度里选择它。相信这样宽松的范围也可以解决许多人对于古装穿着的迷茫：究竟应该选想象里的传统服饰，还是历史上真实的传统服饰？

凤冠是古代很缺乏穿戴场合而如今反而会高频出现的，它的变化性同样也很值得我们去探究。如今选择凤冠的场合几乎都是和中国传统礼仪相关的，比如像婚礼这种具有人生大事意味的典礼。这是因为，凤冠的身上不仅有传承性，更有文化性。至于怎么从那些似是而非的"凤冠"中进行选择，其实不妨看看林徽因给出的答案，在她那张著名的结婚照上，她的头饰其实就是凤冠在清代简化版本基础上的个人再设计。

五 饰品
——最好的设计师总是大自然

◆ **基本概念**

古装中最令人向往的,莫过于让人眼花缭乱的饰品。比起影视剧里略显杂乱的堆砌,真正的古人是如何设计制作这些饰品的呢?事实上,古人会选择一些身边的平常材料来制作像生(仿天然产物制作的)首饰,也会选用那些生机勃勃的对象作为设计主题,还会根据时节对自己进行不同的装扮。

◆ **趣闻**

● **花欲迷人眼**

虽然十二个月皆有自己的代表花卉,但大家对春季的印象永远与"春花烂漫"并存。四季从春开始,用花卉为我们展开了一年的新篇章。宋代流行将不同季节的花卉集中在一起表现,称作"一年景"。而早在唐代,人们就已经开始将一些并不在现实中同时绽放的花卉融合在一起,以此表现繁荣昌盛的景象,也就是常说的"宝花"(也被称作"宝相花")。

其实花开不败只是一个美好的愿望,在古代的技术条件下,要让一年四季的花卉开在一起,更是难以实现。于是为了栩栩如生地留住花卉最鲜活的样子,古人便开始制作假花,也叫"像生花"。

20 世纪 70 年代在新疆吐鲁番的阿斯塔纳墓地曾出土过一束绢花,看图片你绝对想象不到这是唐代的作品,因为无论从鲜艳程度还是设计审美来说,都像是某家新开的店铺里刚刚摆上去的装饰品。根据这座古墓残存的墓志铭可以推断,这束绢花至今已有一千两三百年了。尽管吐鲁番地区的环境条件对绢花的保存起到了极大的辅助作用,却也说明古人对假花寄托的永不衰败的愿景确实没有落空。

我的童年记忆里有深刻的绢花形象,似乎家里总要摆那么几支,插在玻璃瓶里。尽管当时人们已经很少使用丝绸面料制作假花,但依然会将这类用布料做成的人造花以"绢花"来称呼。绢花是我们生活中最常见的假花类型,尽管用于装饰布景的较多,

△ 绢花

但清宫旧藏中也留下了一些用作头饰的，面料也不仅限于绢，而是更加多样。这些绢花首饰制作逼真、设计大方，色彩可能不如当时鲜艳，却增添了当下大家更偏爱的素雅高级之感。

相比于绢花，绒花是这两年饰品界的宠儿，一部《延禧攻略》让许多古风爱好者涌入售卖绒花的网店，几乎都想拥有一支。绒花的外观具有标志性的视觉符号，对于网络时代的人来说更方便"晒"，而热播剧的助推让它的价值得到了更广泛的认知。

△ 绒花

由于生活方式的变化，用作头饰的假花在进入20世纪没多久就开始没落，技艺传承人大量流失，后来假花常作为装饰品出口。从非物质文化遗产（简称"非遗"）的角度来说，北京绢花拥有国家级"非遗"认证，而绒花依然处在省级"非遗"的级别。但能在网络时代重新热销，对于从业者而言，也是一件值得开心的事情。从清宫旧藏的绒花首饰来看，与现在热销款的差别并不大。

通草花尽管没有前两者常见，但"通草绒花"在以往常被用作假花的代名词，可见曾经的辉煌。很多人对通草花不了解，闹过很多笑话，比如《百家讲坛》曾将之说成是天然花草，《延禧攻略》热播时也有媒体误将其当作绒花的全称。相比于其他假花，通草花要逼真许多，因为它的原材料通草片本身就是植物的茎，比起用蚕丝、玉石、布匹制作的假花，有着得天独厚的优势。传统上采用的原材料是通脱木，

△ 通草花

它本身也是一种中药材，将它卷削成薄片就是通草片了，由于也可以用来作画，因此也被称作"通草纸"。它有很多孔隙，外观看起来像是绵密的泡沫，吸水性很好，非常容易上色。用湿毛巾将通草片润湿，就可以塑形了，干燥后可定型，通草花正是利用了材料的这个特点制作而成的。

花卉非常受人喜爱，人们似乎总是想尽一切方法去摹绘它在自然界中的样子。以往我们常看到各种金银细工、宝石镶嵌，追求的是满头珠翠、富贵荣华，而这些年人们开始喜欢上绒花、缠花这样清新风格的装饰品了。随着科技的发展，制作假花的工艺方法也越来越多，比如热缩片、造花液、AB滴胶等，都可以让人自由而简便地完成制作。而在这个过程中，也不只局限于一种手段，还可以多种工艺交叉使用。

对簪花的喜好曾经十分广泛、不分男女，如今使用的地方其实不多了。个人觉得这是历史发展的必然，总会有一些生活方式注定成为过往，但是这份对自然的向往、对永恒的憧憬，能够有一定程度的保留，就挺好的。

● 虫声透窗纱

大自然是艺术最好的"老师"与素材库，因此各种以自然为题材的首饰也就屡见不鲜了。但是与我们的印象大相径庭的是，除了那些风花雪月的花卉草木和威风凛凛的奇禽神兽，其实还有一个更加现实也更有趣味的微观动物世界。

前文提到的花草是我们最熟悉的一类首饰题材，而作为与花卉紧紧联系的小动物，蝴蝶与蜜蜂经常与自己相伴的对象一同出现，只需要加一朵花，就可以形成诸如蝶恋花、蜂赶菊这样十分富有情趣

△ 蝴蝶主题饰品

△ 明代蝶恋花簪

的动感小景。对于首饰这种方寸之地来说，这样的小景再合适不过了，因此诸如衣襟上的纽扣、耳垂上的耳环，都有它们的身影。

知了是夏天必不可少的回忆。有意思的是，相对于现代人对蝉是害虫的认知，古人却认为蝉有着清高的品质，因此对蝉大加歌颂，三国时期的曹植甚至还写了《蝉赋》来夸赞它。古代官员会在冠上佩戴蝉纹饰物，它与另一种装饰物貂尾合称为"貂蝉"，四大美人之一的貂蝉与此同名，据说就是因曾为管理貂蝉冠的女官而得名。蝉鸣响亮又有季节感，因此后来女性也多使用以蝉为题材的发簪，最有名的大概就是金蝉玉叶了，取金声玉振之意。能将富丽的首饰与精巧的设计用自然题材展现出来，赋予美好的寓意，金蝉玉叶可谓蝉题材的饰品中最为突出的代表之一了。

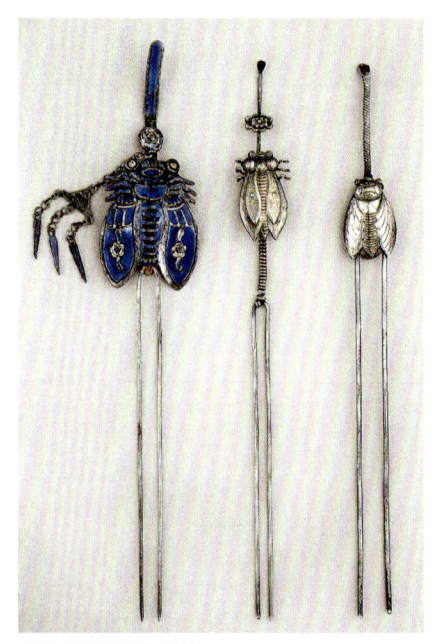

△ 清代蝉形银挖耳钗

△ 明代金蝉玉叶

向往物质丰盛和人丁繁荣是古人普遍的愿望，哪怕人人喊打的鼠也因自己的高产而拥有了一席之地，而且鼠对应的"子"是地支第一位，寓意生生不息，尤其和有连绵不绝之意的瓜果联系在一起就更为常见了。在诸多的鼠题材里，又以松鼠最为突出，甚至明代皇帝朱瞻基也画过《瓜鼠图》。乍一看这幅画似乎并不符合他的身份，但是细究起来，在了解了鼠所代表的含义后，就能明白为什么这些我们觉得恼人的小东西却可以成为古人的"萌宠"了。而有多产之意的瓜果如石榴、葡萄、荔枝等，单独成题材的作品则更是数不胜数。

△ 清代点翠镶料石松鼠葡萄双喜纹头花

△ 明代金荔枝耳环

与鼠相仿的还有代表喜从天降的蜘蛛。蜘蛛也称"喜蛛"，是一种看起来有点可怕、甚至如果出现在家里还会让人有点讨厌的小东西，但是在古人眼里却是吉兆，就如同"喜上眉梢"的喜鹊一样。喜蛛乘着自己的蛛丝滑落，寓意喜从天降。而蜘蛛又会吐丝结网，在男耕女织的古代社会，它同时也是女红之巧的象征。

蜻蜓原也是较为常见的昆虫题材。到了清代，它的谐音与"清廷"相同，加上清代大约是一个最喜欢用谐音创造口彩的时期了，因此蜻蜓往往与其他题材相结合，以加

△ 清代累丝嵌珠宝蜘蛛金饰件

深它的象征意义，比如蜻蜓与荷花寓意江山永固，又如蜻蜓与百合寓意君臣和睦同心。蜻蜓也可以寓意亭亭玉立，因此年轻女子也十分喜爱这个题材。

我国自古以农耕为立国之本，对四季的变化有着极为敏锐的感受。一声虫鸣，唤来春夏；一片叶落，可窥秋冬。对四季微观事件中所发生的一切的刻画，让这些原本只是希望呈现美丽的首饰仿佛有了生命力。

说到物产丰富，自然而然就要联想到与莲花一起出现的鱼，取"连年有余"的寓意。很多人会发现，首饰所用题材往往与其他装饰题材如建筑部件、风俗画等较为相近，其实它们的寓意是相同的，只是首饰发挥的空间更小一些。元代开始流行一种描绘荷塘小景的题材，在瓷器、雕刻中十分常见，在首饰上则常常体现为以荷叶为托的造型设计，配以龟、蛙等小动物。

有鱼当然也要有螃蟹，但是螃蟹究竟有什么寓意，却众说纷纭。有人说蟹同"谐"，寓意夫妻和谐；也有说蟹有甲，甲有"头名"的意思，是为了高中状元。而螃蟹本身又有特定的季节意义，也可能纯粹就是为了应景吧。

△ 清代金镶宝石蜻蜓簪　　△ 清代兰花蝈蝈簪　　△ 明代金蛙玛瑙叶掩鬓簪

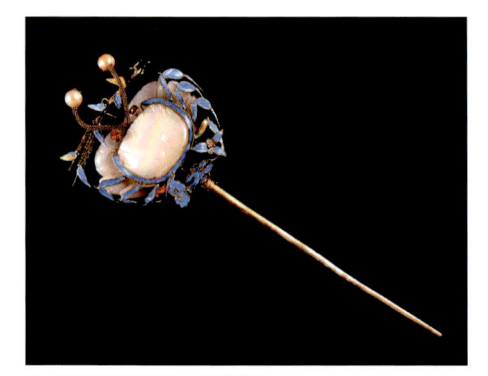

△ 清代银镀金嵌宝石玉蟹簪　　△ 明代莲花双鱼金扣

螃蟹都有了，"鱼虾蟹"里的虾又怎能缺席呢？古人佩戴发簪往往不是孤立的，而是会与许多其他饰物搭配，然后在头上形成一幅自然小景。除了以上单品，还有一些发簪本身就能形成一幅饶有趣味的景象。尤其在清代，各种彩色珠宝被大量应用，色彩娇俏又极具层次感，让我们无须想象实际佩戴后的模样，一样可以感受到永恒凝固的多彩画面。

△ 清代累丝嵌珠宝虾形金饰件

● 华饰依时令

但凡取材自然的首饰，往往会顺应自然的季节变化而改变。而依照四时节令之序，古人会有许多节庆活动和仪式，在这些特别的时间，人们要换上特定主题的服装饰物，以应和情景。将节日气氛具象化是古人节令穿戴中一个很重要的设计思路，比如民间有春节的应景首饰，名叫"闹蛾"，也有叫"闹嚷嚷"的，这个名称一听就富有动态，且自带音效。它是用丝绸或乌金纸之类的材料，剪成飞蛾、蝴蝶、蚂蚱之类的草虫，用铜丝缠缀在头饰上，不分男女老幼地簪起来，鲜活而生动。直到清代依然还有"巧裁幡胜试新罗，画彩描金作闹蛾"的诗句，由此可以想见那个热闹又有趣味的场面。

以前的新年往往是和迎春（也就是"立春"）分不开的，只是两者在历法上有所不同，因此相距的日子有长有短。像闹蛾就被认为是戴华胜的遗风。古人认为正月的前面几天都有所属，"一日鸡，二日犬……"而第七天是"人日"，这一天要戴华胜，也就是把金箔、彩纸剪成人形或具有春天意象的花叶、燕子等戴在头上，或者互相馈赠。

相传成书于南北朝时期的《荆楚岁时记》（一说成书于隋代）里记载，当时的女子会在元宵节那天戴宜男蝉。宜男蝉的寓意如今已和社会风尚格格不入了，但在古时，对于女子而言却是关乎命运的大事。宜男是萱草的别称，因此宜男蝉可能是用萱草编织成蝉的模样。女子配宜男草的风俗在当时的确十分盛行，传说故事中杀蛟龙除三害的那个周

△ 缠花

处就写过一本《风土记》，里面写道："花曰'宜男'，妊妇佩之，必生男。又名'萱草'。"唐诗里也有"胸前空带宜男草，嫁得萧郎爱远游"这样的句子。

虽然元宵节尚在年节里，但是在这样灯火辉煌的节日里，又是满月当头，为了使自己在月下更娇俏几分，女子们偏爱穿白绫袄。而装饰上，和元宵主题相关的具象化题材就要数灯笼了。宋代妇人会在头上戴灯球饰物，大小如枣子，再加一些珠翠装饰，有的还会使用金银、玻璃来制作，又精巧又点睛。明代有很多使用金银丝编成各种造型的灯笼簪、灯笼耳坠等，玲珑而华贵，仿佛微缩了元宵夜的热闹。

与节令结合的饰品，不仅丰富了饰品的主题样式，也给了装扮发挥的空间，令古人一颗颗蠢蠢欲动的爱美之心有了安放之处。

❖ 穿戴攻略

古人给了我们几千年的首饰柜，我们该如何挑选呢？其实穿搭无外乎天时、地利、人和这三条。所谓天时，我们可以看季节和节庆进行搭配，比如将花卉与季节粗略地划分一下，每个月搭配不同的饰品，甚至可以根据花卉、植物的地域特点，搞得更有特色一些。所谓地利，就是要熟悉自己所处环境的风俗特征，比如根据方言的不同，各地的口彩也会有所区别，将最有特色的那句话融入你的饰品，你就是最靓的女孩！所谓人和，就是要注意场合，比如参加婚礼时就不要喧宾夺主，外出郊游时就不要过分累赘、繁复。

我们构思好怎样装扮自己之后，又该如何去获取这些饰物呢？其实现在随着非物质文化遗产潮流的兴起，人们对传统工艺的关注度有所提升，很多工艺品都可以通过网络进行定制、购买，但是依然要注意几点：一是手工制品不妨做得更加个性化一些，跟师傅多多沟通，做出一些独属于自己的设计；二是要学会对手工制作中的瑕疵说不，避免被不良商人忽悠，并且多了解手工艺技术对手工制品可能带来的变化，也是一个有趣的学习过程；三是购买要量力而行，毕竟不是很便宜的东西，不要过分囤积；四是了解保存方式，毕竟是生活中接触较少的物品，购买前后都要仔细了解饰品的保管条件和成本，避免在后续的使用过程中带来一些不愉快。

六

胡帽

——很美，有异域风情，也很实用

❖ 基本概念

唐代女性着装风气开放，带来了许多前人不曾想象、后世难以继承的装扮风华。其中女性着胡服、穿男装是为很多人所知晓的，但百花齐放的胡帽对于今人来说，似乎更有启示意义。所谓胡帽，指的是古代北方游牧民族的帽饰，常用皮草、毛毡等当时中原不常使用的材质，多数还会绣花进行装饰。胡帽自汉代起就在中原开始传播，至唐代达到鼎盛。传入中原的胡帽往往被加以改造，已经很难分辨族属流源，而是形成了具有异域风情的各种装饰。

❖ 趣闻

● 帷帽：从遮蔽风沙到古风扮靓

帷帽是唐代女子比较特别的首服（也称"头衣"，即裹头之物），需要与一些尖顶胡帽加以区分。一般认为它们的流行年代略有先后，帷帽略早些，胡帽略晚些，表现的是女性着装风气的逐渐开放。如今一般将有一圈裙边的笠帽称作"帷帽"，它算是古装剧里的常客了。很早的古装武侠剧《甘十九妹》里就表现了帷帽。即便是最普通的白纱设计的帷帽，对古风美人的加持作用也是有目共睹的。

不过影视剧中的帷帽，不乏对日本市女笠的模仿。其实只要仔细看就能发现，唐代帷帽内是可以藏下发髻的，不像日本市妇笠那么小而尖，帽檐也没那么大。如今古风圈流行的帷帽样式则是来自另一部影视剧《大明宫传奇》。这部剧本身热度不高，但里面略显奇怪的"四不像"帷帽却最终流行了起来。

但帷帽在历史上主要还是以功能性为主，可以遮蔽风沙，作为人们外出远行的装束，不限男女，比如新疆阿斯塔纳 187 号墓所出的骑马女俑所戴的帷帽。在唐代，它的存在还曾有过另一层意义，就是遮蔽女子的面容，这也是为什么帷帽裙边的长短、帷帽的有无会被很多学者解读为体现了社会风气的开放程度。一般我们所见的帷帽也就是遮住面部的长度，正好可以露出肩膀，但在一些唐墓壁画中，也可以见到另一种很长的似乎可以遮蔽全身的帷帽。这种较长的样式是否也称作"帷帽",学界还存在争议。孙机先生认为,短的是帷帽,长的则叫"羃䍦"。但是也有学者认为,羃䍦可能是软胎,和风帽一般。

有裙边的帽子在如今的服饰里也有保存,比如客家的凉帽就十分有名。据传它是由苏东坡创制的,因此也叫"苏公笠"。凉帽和唐代帷帽的最大不同之处就是在笠帽的中间开了一个孔,可以让发髻穿过去,现在很多古风帷帽用的其实也是这个方案。客家妇女要参与田间劳作,凉帽的功能便是遮阳。尽管设计上是客家一贯的简约朴实风格,但仔细看它的裙边,其实做得也十分精巧。

△ 唐代帷帽　　　　　　　△ 唐代捧帷帽侍女图

● **胡帽:从异域风情到大唐时尚**

胡帽没有笠帽那种大大的帽檐,更没有帷帽这样遮挡的裙边,但它却有一种异域风情,更能"靓妆露面"。由于古代女子都梳发髻,因此胡帽的体型都比较大,且有向上折起的帽檐。古人通过美丽而细致的彩绘告诉我们,这些胡帽所用的面料是当时最为高档的锦。而挺括高耸的造型,很有可能是采用毛毡或编织帽胎打造出的效果。

对比一些唐代胡人俑上的装扮,就会发现,他们的帽子更尖一些,有些很像卡通片里的那种帽子,比如迪士尼《白雪公主》里小矮人戴的那种。尽管是小尖帽,其实款式也挺多样的,折檐的也有,花里胡哨的也有。

△ 胡帽1

但很明显，它们跟女性所戴的胡帽相比，无论是轮廓还是装饰，都有所区别。这说明，唐代女性的胡帽应该是专门为她们发展出来的，而不是简简单单地从胡人那里直接拿来就用。

唐代女性喜欢穿男装，这个我们都知道，但我们好像总是很容易地就能分辨出哪些是真正的男俑，哪些是女扮男装。除了直接露出发髻这样的"送分题"，有时袍子开衩处的裤子、露出来的鞋子等，也会流露出一些女性服饰的元素。她们的目的不是想扮作胡人，而更像是把它当作一种潮流，并加入自己的理解。有的文物就算总体样式看起来差别不大，只看帽子这一小小的局部，从处理手法上也能感受到她们的一些打扮的"小心思"。

胡帽这么多变，唐代女子如此多彩，于是就有人提出了一个问题：有一些很夸张很奇特的发髻，会不会根本就是一顶被设计过的帽子呢？这其中质疑最多的便是很有名的鹦鹉髻。这种想法也不算无中生有，毕竟这种奇特的帽子是有案例的，比如唐代金乡县主墓里就有一个非常清晰明显的孔雀型冠帽。而戴此冠帽的彩绘女俑也是存在的，从其侧面的角度看，翎羽绚烂，形态逼真，仿佛真的在脑袋上趴了一只鸟。

△ 胡帽2

△ 鸟类造型的胡帽

● 美貌与实用的组合

前面说的其实是一种比较狭义的胡帽，也有人给这种帽子取名"浑脱帽"，当然也有叫其他名称的。广义的胡帽更为宽泛，各种来自古时周边游牧民族的帽子都可以算在内。从这一点来说，帷帽、风帽其实都可以算是胡帽。正如前面所说，女性的胡帽会更高大一些，因为要藏发髻，而这一点在影视剧里常被忽略，这是由于现代人缺乏古代的生活体验导致的。看唐墓中女俑头上的风帽，比很多时代的风帽都显得更大，而对照其旁边的俑，就可以发现原来藏了偌大的一个发髻。

其实很多胡帽还可以互相组合。比如有一种看起来很像帷帽的东西，其实就是普通的笠帽下戴了个风帽，算是帷帽和胡帽的一种组合了。有意思的是，唐代郑仁泰墓还出土了好几件女骑俑，其中有不戴笠帽只戴风帽的，也有两个都不戴而梳着发髻的。从只戴风帽的那个俑可以看出，笠帽下面是一个圆圆的矮髻，有点像旗头座的样子。前面说过，有的学者主张这种风帽才是幂䍠。这样一看，似乎对于真正的出门远行，这种组合虽然缺乏帷帽所具有的仙气，但对阻挡路途中的风尘来说明显更实用一些。

△ 唐三彩戴胡帽的女俑

△ 唐代戴帷帽的彩绘仕女俑其及局部

△ 敦煌壁画中戴帷帽的唐代女子

△ 唐代戴帷帽的彩绘女俑

如果说帷帽的现代演绎版是客家凉帽，那么上面所说的这种胡帽组合也有一种我们熟悉的现代演绎版，就是福建惠安女头上的装扮。注意，所谓现代演绎版只是为了方便大家理解，并不等于它们之间有传承关系，因为还需要经过大量的考证才能明确。惠安女的装扮也是明显分成了两部分，斗笠和头巾是分离的，头巾下也梳了传统发髻。一个有"土壤"的装扮，就是这样一层层累加起来的。惠安女倒不是为了出行，她们是劳动参与率非常高的女性，而且干得不少，还是重体力活，跟客家女性一样有劳作的需要，因此头上的装扮便发展出了自己的特色。

在敦煌壁画法华经变的"化城喻品"部分中，有一个小小的局部，骑在马上的女子就是这种组合的打扮。在青青山水中，黄帽红衣显得格外醒目动人。与惠安女赶海的场景对比起来，就更显有趣——一个在山，一个在海，相似的装扮，却相隔着一千多年。真实的生活，加上岁月的滤镜，远胜过许多想象中的美好。

△ 敦煌壁画法华经变"化城喻品"（局部）

穿戴攻略

帽子在古风装扮中常常被女性忽视，毕竟那些新奇的发髻和百花齐放的发饰更吸引人们的目光，但帽子的实用性却是毋庸置疑的。胡帽的传播过程其实也体现了一种文化的交流，毕竟没有什么审美是可以孤立存在的。而对于一些习以为常的东西，外来元素其实也可以成为一种改良的推进动力。

胡帽对于曾经的游牧民族使用者来说，更多起到的是一种防护取暖的作用，或许也有装饰，但工艺始终不如中原地区复杂。它们不仅带着游牧地区独有的材质进入中原流传，中原特有的锦缎等装饰材料也同时改造了它们。

我们后来所见的胡帽，大多已经很难看出它们的精确来源。这种以自身强大的文化感染力从外部造型和装饰细节双管齐下地吸收、改造，也是我们从宏观角度去凝视古装时，可以得到的民族交融、和谐共生的服饰文化理念。这种理念，我们也可以应用在古今服饰观念中，不必将古装与时装做过分切割，从而实现华夏服饰良性的互动与发展。

编外——帽子

那些令人在意和古人忌讳的问题

● 可以有帽正吗？

帽正一般指的是缀在帽子前面中间的装饰物，多用玉石之类的材质制作。

从对古代服饰的了解程度而言，帽正和纽扣、大袖、束发、左右衽一样，是一种认知进度的"标记物"。很多人刚接触古代服饰的时候，对很多事物感到新鲜，因此会记一些比较简单好记的内容（可惜有些知识点不一定正确），比如认为古代服饰的领子交叠一定要是"y"，如果方向反了就是错的。作为类似的"标记物"，帽正其实直到明代都尚未出现。

确实，明代官服的纱帽没有帽正，事实上不仅明代没有，就算到了清代的戏曲舞台，纱帽依然没有帽正，其整体形象依然比较朴素，只是在帽翅上加了一些装饰。但在影视剧里，不管纱帽还是帽翅，都被增加了额外的装饰，添加一些多余的零件。之前热播的《大明风华》《大宋宫词》里的帽正就引来了争议，可见大家对此的认知度非常高。更早播出的《大明王朝1566》的纱帽就更加让人不忍心看了，虽然没有帽正，但其他装饰添加得更多。

这种风潮显然来自戏曲，比如黄梅戏电影《女驸马》里面的纱帽就有两个额外添加的装饰，一个是帽正，一个是帽沿的装饰。但戏曲比现实生活里的服饰体系要简化，更加突出其装饰性和符号

△ 清代戏画中帽上无帽正　　　　　△ 明代容像中帽上无帽正

化，尽量用有限的衣箱去满足不同剧目里不同人物的需求，并且易于观众进行分辨。比如，纱帽插上金花是状元，戴上驸马套就是驸马专用了。民间对于才子人生际遇的终极想象就是中状元、娶公主，因此这两个装扮经常会紧接着出现。戏曲状元的装扮要分开来看，纱帽和官衣是一条发展路线，金花是另外一条发展路线。明代男性簪花中有一种便是科举簪花，在明代图册《徐显卿宦迹图》里就有这样一幕，主人公徐显卿是二甲十六名，簪花骑在马上，前方的队伍浩浩荡荡，画面的左下方和右下方分别画出了房屋的一角，墙内女子或登高、或掩门，正饶有兴味地窥视这支进士队伍。

△ 现代邮票黄梅戏中女驸马的帽子上有帽正

△ 明代余士、吴钺《徐显卿宦迹图》（局部）

时常可以看到有人举出反例，证明清代以前帽正就已经存在，这些证据往往是出现在明代的一些巾帽上。其实这种心情可以理解，因为对很多人而言，古代巾帽存在帽正才是完整的，看到没有帽正的帽子反而觉得缺了什么。很明显这些证据只存在于明代的便服里，像纱帽这样的官服里是不存在的。所谓便服，就是大家按照约定俗成的习惯来穿着的衣服，并不存在严格的礼仪规范，它本身就是比较随意的。比如我们印象中觉得一定会有帽正的瓜皮帽，其实也有不带帽正的情况。比如清光绪帝画像里，还有载沣的照片里都可以看到装饰华丽的帽正，而清宫旧藏的一些如意帽上却并没有，有一些则可以看到帽正脱落的痕迹。到了民国照片里，素黑的瓜皮帽上，帽正依然不算标配。它应该属于便帽里可以额外添加的装饰，也算是财力的某种炫耀。

如果将帽正的词义扩大，将任何帽子前部的装饰都算在内，那显然就不止于明代了。毕竟帽子上的装饰位置有限，前方正中央显然是首选位置。比如笼冠上的金珰就是装饰在这里，但很显然它别有源流，与后世的帽正关系不大。另外一种见于明代巾帽的装饰，

△ 明代画像中帽上的玉结

是直接做在巾帽上的，呈现对称布局，装饰图案会在前方中间集中展示。这种情况也应该区别于帽正，从清宫旧藏的如意帽可以看出，帽正不仅是额外缀加的，而且很有可能是方便换取的，和直接在帽子上加以装饰是两种形式。

清宫戏画里可以明显看出这两条路线，即装饰繁复的巾帽，以及额外缀在巾帽上的类似玉石的装饰物。从平面视觉来看，两者的确很相似，但做成实物的区别还是大的。比如前面提过的《大明风华》和《大明王朝1566》，正好分属这两条路线的表现形式。明代有一本《汝水巾谱》，里面展示了很多设计奇特的巾帽，不少都可以在明代容像里找到印证。很显然这种才是后世使用各种工艺装饰巾帽的源流之一，戏曲里的巾帽百花齐放，应当给明代文人对于巾帽的设计记上一份功劳，但这和帽正的关系则需要另外论证。

●绿帽子为什么是禁忌

绿帽子，顾名思义，就是绿色的帽子，但它还有隐含的意思。那么，为什么会有绿帽子这个说法？它的由来又是什么呢？

正如前面提到的，古代男子并不像古装剧那样整天裸露着发髻晃来晃去，他们会佩戴巾、冠、帽遮掩自己的发髻。所以现代人口中的绿帽子在古代非常可能是绿头巾，因为头巾比帽子制作更简单，所以使用更为普遍，使用场合更为平常。

在古人少有的几处与绿帽子相关的记载里，绿巾、绿帻除去颜色，本身都是寻常百姓都可以佩戴的首服。比如《汉书·东方朔传》："董君绿帻傅韝，随主前，伏殿下。"唐代颜师古在此处注道："应劭曰：'宰人服也。'绿帻，贱人之服也。"除此以外，我们熟悉的关公也是戴绿头巾的形象。

> 辰时后，见江面上一只船来，梢公水手只数人，一面红旗，风中招飐，显出一个大"关"字来。船渐近岸，见云长青巾绿袍，坐于船上；旁边周仓捧着大刀；八九个关西大汉，各跨腰刀一口。鲁肃惊疑，接入亭内。叙礼毕，入席饮酒，举杯相劝，不敢仰视。云长谈笑自若。
>
> ——《三国演义》

△ 元代关公像

可见古人是戴绿头巾的，最多觉得这个东西并非彰显身份之物，还不至于觉得戴了就有了别样的意思，会被人嘲笑。

绿帽子何时专指红杏出墙？绿色无论从五行学说、间色理论还是实际染色的角度来说，虽然不算是高贵的颜色，但也并不能用来专指女性伴侣红杏出墙的男性啊！将这一切联系起来，恐怕要到元代和明代了。

> 至元五年中书省札，娼妓穿皂衫，戴角巾儿，娼妓家长并亲属男子，裹青头巾。
>
> ——《元典章》

> 按祖制，乐工俱戴青橡字巾，系红绿搭膊，常服则绿头巾，以别于士庶，此《会典》所载也。
>
> ——《万历野获》

这里绿头巾被单独划分出来，开始被赋予别样的意义，这或许才是"绿帽子"迈出的第一步。到明代中期郎瑛编写《七修类稿》时，就已经明确提到了与如今绿帽子极为相似的定义了：

> 吴人称人妻有淫者为绿头巾，今乐人朝制以碧绿之巾裹头，意人言拟之此也。原唐史李封为延陵令，吏人有罪，不加杖罚，但令裹碧绿巾以辱之，随所犯之重轻以定日数，吴人遂以着此服为耻意。今吴人骂人妻有淫行者曰绿头巾，及乐人朝制以碧绿之内裹头，皆此意从来。但又思当时李封何必欲用绿巾？及见春秋时有货妻女求食者，谓之娼夫，以绿巾裹头，以别贵贱。然后知从来已远，李封亦因是以辱之，今则深于乐人耳。

虽然郭瑛提到的几处缘由都不一定有根据，但是至少说明当时已有将绿头巾的意思与"妻女淫行"联系在一起了。清代俞正燮在《俗骂案解》中也对绿帽子做了一番考据，里面提到"青头巾"是元代的说法，而"绿帽"是明代的称呼。可见"绿帽子"这个提法至少在清代就有了，而且清代人认为这是明代人叫出来的。

现代的"绿帽子"与古人说的"绿帽子"又有何不同呢？又或者说，同样是指女性伴侣的行为，我们和清朝人、明朝人的解释有什么出入么？有。按照文献，"绿帽子"还能细分成三种：一是身份为娼户，虽然和淫行有关，但是归根结底是身份低贱不得不如此；二是"货妻女求食者"，妻女所为虽是淫行，却是被丈夫、父亲所逼，所以不齿的乃是男子的行径；三是因管束不严致使妻女有淫行，这里还包括被哄骗失贞的。

这么一看，我们今天所说的绿帽子只能算作第三种里面的一部分。会有这样的偏差，是由社会的进步造成的。古代女性并不拥有独立的社会地位，多依附丈夫、父亲，所以女性亲属的淫行或德行统统会被算在男性头上，而不会像现在只是局限在女性伴侣自己身上。此外，古今对于淫行的定义也有诸多不同，比如如今只有被动戴上的才算，但是古代却常有主动戴绿帽子的，这种才会成为被旁人不齿的主要原因。

第三章 衣装风云

- 中衣——是衬衫还是打底衫？
- 短衣——服装也有贵贱之分吗？
- 领式——立领与交领，何者更有中国风？
- 衣襟——斜襟、偏襟、大襟、琵琶襟……
- 裤子——不像裤子的裤子
- 马面裙——不能套用现代思维想象穿着方式的裙子
- 上衣——是袄，是衫，还是襦？
- 内衣——古今差异总在看不见的地方影响我们

一 中衣 —— 是衬衫还是打底衫？

◈ 基本概念

在如今的很多语境里，会将古风服饰中穿在外衣以内、内衣以外的服装称作"中衣"。从装扮上来说，中衣起到了内外衔接的作用，它在外衣的遮盖下依然隐隐露出的部分装饰了外观，并且还可以起到为外衣塑形的作用。

◈ 趣闻

在古装剧里，经常会看到角色就寝或入狱的时候穿一套白色的衣物，它们是不是跟汉服的中衣很像？前面说过，影视剧的古装受到了戏曲服饰的影响，因此它们不叫"中衣"，而是和戏曲中一样叫作"水衣"或"水衣子"（戏曲是衣箱制，其中内衣鞋袜这些都属于三衣箱）。戏曲中的水衣也是穿在外衣之下的，主要是为了隔绝演员的身体和外面的表演服饰，避免服饰被汗水污染，因此它还有另一个名称——汗衫，似乎这个名称更为贴切。

水衣基本是以白棉布制作的，后来也会用化纤等材质制作，但是不透气，容易粘在演员身上。有了针织面料以后，水衣基本都是针织的了。

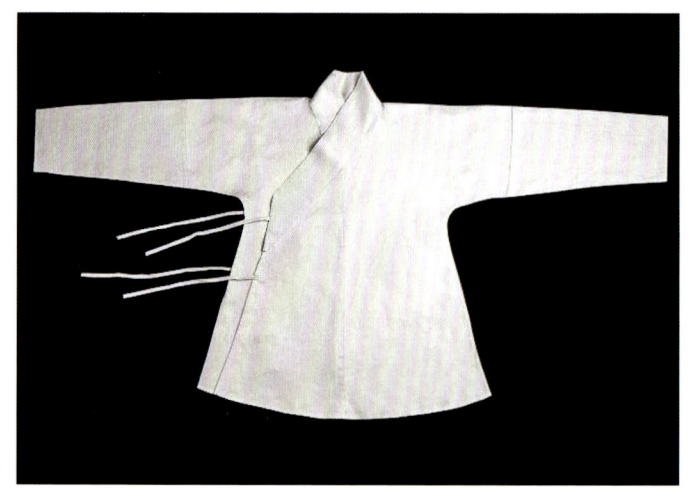

△ 汉服中衣

水衣为何会与汉服的中衣那么相似，很早之前就有人提出过疑问。当时很多人的看法是：作为戏曲服饰的水衣保留了汉服交领右衽的特点。但实际上，水衣并不限于交领，而是会根据不同的外衣有相应的款式，男式常见交领款，女式则多见对襟款（还有交领且对襟的款式，大概是因为对襟比较方便穿着吧），衣襟的闭合系统也不像汉服有那么多讲究，用系带、布纽、按扣、粘扣以及普通挖洞纽扣都可以。并且戏曲中的穿法比古装剧和汉服都要复杂一些，会在水衣和外衣之间加穿一层竹衣，作用也是隔绝汗液、保护外衣；或者加穿胖袄，类似夹棉背心或护肩，用途是帮助演员塑造适合角色的体型；或者还可以加上护领，汉服的假领子（义领）与其相似，但戏曲中的护领常有夹棉，也可以帮助补正体型。

△ 戏曲水衣

古装剧里的用法参考了戏曲，但更灵活一些，毕竟可以找角度、找灯光，NG 了（影视术语，即"Not Good"的英文首字母缩写）还可以再来，因此不一定穿整件水衣，有时也会用类似胖袄这样的配件。古装剧其实只有在需要展示内层衣物的时候，才会穿上完整制作的水衣。相声演员在大褂（或叫"长衫"）里也会穿这样一件衣服，一般是白色立领对襟款式，叫作"小褂"，也可当水衣穿，水衣里也有类似的立领对襟款式。小褂可以单穿、外穿，有一字扣的，现在也有暗扣的。在大褂下面穿小褂来源于生活，在普遍穿着长衫的时期人们也是这么穿的，不过现在直接在领子和袖口里搞一截白布做假两件的情况也很多。

中衣这个名字并不特别，相应的文献记录有很多，就好比名字同样也不特别的水衣，那种下池塘捞鱼的连体裤也叫作"水衣"。从文献看，真正的古代中衣不应该是一件短上衣，而是"制如深衣"，应该是一件长的衣服。按照韩国学者崔圭顺的考证，中衣、长衣等和深衣应该是同一类衣服，区别在于穿在外面的时候叫"深衣"，穿在里面的时候叫"中衣"，袖子露出来的时候叫"长衣"。早年一些人错误地将记载中的中衣和受戏曲影响的古装剧里的水衣联系在一起，才造成很多人对中衣产生误解。

△ 明代中单

在文献里，中单是中衣的发展形式，后期中衣改叫这个名字，两者并不分属两种不同的款式。中单或中衣早期可能还是深衣款，即上下分裁，然后缝起来，下半部分像裙子一样，是一片片拼起来的；后来改成了普通的长袍式样，即上下通裁，只有中缝、接袖等，不做额外的拼接。崔圭顺认为，这种剪裁的变化可能就对应着名称的变更。而且中单或中衣在记载里并不是纯白色的，纯白色的惯性思维依然是来源于影视剧中的水衣。中单或中衣的领缘有装饰，早期是绛色，明代是青色。还有一点，中单或中衣其实是一种礼制服饰，是礼服套装的一部分，并非任何时候都会穿着的。

当然，正如前面所说，中衣本身不算是一个特别的词汇，当作为礼服的中衣开始改叫"中单"的时候，原本的中衣也发展出了自己的新释义。按照学者聂丹的考证，隋唐宋元时期的中衣指的是男女皆可穿的长内裤，明清时期，尤其在清代小说里，中衣开始高频出现，指的是男女、僧俗都可穿的长裤（富人贴身穿，一般人单独外穿）。这里值得注意的是，虽然名为"衣"，但它指的却是"裤"，聂丹认为，清代晚期便不再使用"中衣"这个名称的原因，可能就是它太不符合语言习惯了。

❖ 穿戴攻略

了解了古人的中衣穿着情况后，那么当代人若要穿着中衣时，需要注意什么呢？其实，中衣在当代穿着上有一个很重要的问题，就是穿着古装时，该不该只穿"一层皮"，还是里面的衣服也要穿上？

最初提出中衣的人是希望大家在最外层的服饰下将古代的"打底衫"一类的服饰也穿上，达到从内到外符合传统服饰的目的。但是，这对于现代人来说太难了，尤其穿了中衣以后，势必引出另一个问题：内衣要不要也穿上？

如果只是为了拍照，那么中衣不穿也是没关系的，虽然多少会影响效果，但问题不大。影响的主要效果主要在诸如戏曲服饰用胖袄之类补正体型的那部分，毕竟层层叠叠穿起来的古装效果会更好一些。

但如果是想真正体验传统服饰（比如礼服），还是需要穿上的，尽管假两件之类的衣服可以多少弥补一下，但效果还是大大不同的。这种体验不仅是在视觉上，还会在心理上——从纯粹的功用角度来说，仪式感似乎并没有什么实际作用，但可以带来足够的心理暗示，礼服的穿戴也是同样的道理。

二 短衣
——服装也有贵贱之分吗？

❖ 基本概念

古代的短衣，相对于较长的服装来说，会给人一种身份较低的感觉。这并非一种错觉，便于劳作的服饰、短小紧窄的服饰，的确更常为古代社会底层劳动人民所穿着。但在历史的发展进程中，阶层的流动也是频繁的，随着阶层的变更，服饰也会发生变化，并被赋予不同的色彩。比如在现代社会，短衣并不会给人贫贱的感觉，相反，宽袍长袖倒会给人一种格格不入的怪异感。可以说，服饰史的发展就像是一部短衣的"升职记"。

❖ 趣闻

在多元化着装的现代社会，特别是近些年来，身穿古装从霓虹灯下穿行，已经不算是新鲜事儿了，但难免会惹得路人心头冒出一个疑问：古人都是峨冠广袖的吗，难道就没有利于行动的款式吗？

当然是有的。比如看早年古装武侠剧就会发现，里面的大侠都会穿着短衣和裤子，袖口往往用布带扎束起来，显得十分利落。古装显得飘逸而"累赘"，其实也不过是这二三十年间的事儿。

早年的影视剧，比如前面提到的早期武侠剧里的服饰，基本是沿用了戏曲服饰的设定并加以改动。侠客们的"标准制服"就源于戏曲中的短打衣（也叫"紧身衣"），只不过短打衣的具体分类更为丰富，款式也较为多样。在"武松打虎"的传统形象里，武松穿着的便是短打衣。后来武侠剧式微，屏幕上流行起仙侠剧和古偶剧，这种服饰才慢慢淡去。

戏曲服饰并非无中生有，像圆领袍和道袍等或多或少都与戏曲服饰发生过关系，而后才通过影视剧被我们所认知。那么短打衣的源头是什么呢？有人说是短褐，并认为这两个字的正确读音是"shù hè"。这个词看似陌生，实际上在东晋陶渊明的《五柳先生传》（曾入选中学教材）里便出现了，表示这是一种庶民的装束。

△ 戏曲里的短打衣

△ 京剧名家盖叫天扮的武松

　　亲旧知其如此，或置酒而招之；造饮辄尽，期在必醉。既醉而退，曾不吝情去留。环堵萧然，不蔽风日；短褐穿结，箪瓢屡空，晏如也。常著文章自娱，颇示己志。忘怀得失，以此自终。

——《五柳先生传》

　　我们可以把这个词的两个字拆开来解释，尽管看起来这两个字一点也不生僻，实际上统统不是我们所熟知的意思。"褐"在古代并不能单纯地解释为颜色，其本义是以毛或麻为原料的粗糙织物，由于穿这种面料的人往往身份卑微，因此用"褐夫"来指代他们。后来褐才成为一个形容黄黑色的词，但是褐布本身不一定是褐色的，可以是很多颜色。而"短"则是"裋"的通假字，裋就念作"shù"，意思是粗布衣服。不过这个字很不常用，被"短"假借之后，即便不知道本字，也能解释得通，不阻碍上下文的理解。"裋褐"这个词里的两个字虽然是并列的，却经常组合起来使用，意思就是粗鄙的衣服，进而泛指古代贫苦低贱人群所穿的粗衣。比如唐代司马贞在《史记索隐》中所说："裋，一音'竖'。谓褐布竖裁，为劳役之衣，短而且狭，故谓之'短褐'，亦曰'竖褐'。"

△ 新疆出土的羊毛织物褐

迫于生活和劳动需要，穿着粗衣的人群，服装自然不会十分宽大，短衣与裤子的搭配是最好的选择。比如《水浒传》中提到李逵所穿的便是短褐，其影视形象大多符合粗布短衣的模样。古人服装上的短、小、紧、窄，跟现在为了突出身体曲线的目的不同，主要还是为了便于劳作。

△ 敦煌莫高窟 61 窟壁画上劳作的人们

△ 清代陈枚《耕织图》（局部）

某些服饰在戏曲程式化之后，又有了特定的属性，短褐就是一例。本来它所侧重的是粗鄙的服装，后来变成了戏台上的短打衣。正如前面所说，短打衣的款式很丰富，其中有一种交领斜襟的抱衣，也称"豹衣""包衣"等，特征是在上衣下摆处有两侧拼接类似裙摆的设计，色彩丰富，多有绣花装饰。侠客义士、绿林好汉一般设定的服装就是这种，后来被武侠剧沿用。还有一种圆口对襟或圆口偏襟的侉衣，也称"挎衣""快衣"等，一般为黑色，有的会装饰纽扣，有人称之为"夜行衣"，前面提到的武松穿的就是这种服装。此外，还有女性穿的短打衣，称为"战袄"，一般是立领对襟的样式，下面虽然穿的还是裤子，但腰间多扎一条战裙，有点像两片围裙，以突出女性化的一面。

△ 侉衣

△ 清代戏画

不难发现，不论是戏曲还是后来的武侠剧，短打衣的素材都十分丰富，用来做一些现代服装的改造设计是足够的，而且相比其他素材来得更加便捷。民国时期，安若定曾经提出过一个"大侠魂主义"，名字虽然听起有几分"中二"气息，但这一主张其实很正经的，大约可以理解为倡导一种具有民族主义精神的、尚武精神的、正面的、侠义的人格主张，要"修业进德""奖贤劝功"，并结合当时的历史环境，主张进步、抗日救国等。对于服饰，它有一个具体的主张，就是废除当时普遍穿着的长袍，提倡短装，比如当时还少有人穿着的西服。尽管服饰的长短本身不具有决定性的意义，但劳动人民更多穿着短衣是事实。后来的服装发展证明了安若定等人的预见是正确的，只是相比于西服，中国还可以有短打衣这样的传统服装选项。

与短打衣影响武侠片相似，安若定提到的梅兰芳古装也一直影响着早期古装剧的服装设计。如果观察仔细就会发现，现在古装剧里梳起的发髻重心很奇怪，束腰飘带的古装穿着起来其实也很累赘。这就回到了本节开头的那个问题：古人真的穿成古装剧里那种不便利的样子吗？这个问题的答案除了从短打衣的角度来回答，还可以从另一个角度来回答，也就是梅兰芳的新古装。

都叫"新古装"了，顾名思义就是梅兰芳等人"发明"出来的古装。1915年，梅兰芳要排一出中秋应节戏《嫦娥奔月》，齐如山写大纲，李释勘编剧，梅兰芳演嫦娥。但是如何为嫦娥设计一身理想中符合大家对于仙女期待的装扮，却成了一个难题。虽然是京剧，但这出新编剧是以旦角为主的，而且有歌舞场面，"嫦娥"若是穿着京剧原有的服饰上台，既不新也不仙，自然也就达不到观众期待的美丽。最后，梅兰芳等人决定以仕女画为蓝本去塑造嫦娥形象。而后，他们又根据《红楼梦》改编演了《黛玉葬花》，据说服饰是从旧小说插画里找到的灵感。

这些古装形象如今看起来是很顺畅的，十分符合我们对仙女、闺秀的期待。因此，后来的古装形象都极深地受到了这些新古装的影响，比如古风发型中把头发披散后又扎束起来的做法，但它在当时是极具突破性的，尤其对于京剧服饰而言是颠覆性的。戏服总是显得有几分僵硬，而梅兰芳的新古装改变了这一切。除了第一章提到的裙子外穿、材料改动以及使用舞台灯光技术，可能是为了舞台效果，也可能是受时代潮流的影响，在发式上梅兰芳使用了高髻。

在《嫦娥奔月》和《黛玉葬花》之后，梅兰芳花了更长的时间编排了《天女散花》，据说这次是从敦煌石窟的壁画和雕塑上获得的灵感。天女的服装不仅去掉了水袖，改用很长的绸带，也就是被很多人称作"披帛"的东西，脖子上也用珠子做了类似璎珞的装饰，裙子上除了丝带、玉佩，也有璎珞的装饰。

新古装形象比原来的戏曲形象显得容貌真实许多，但依然属于虚构的产物。这样完全为舞台而生的服饰，不便利是必然的。尤其是它取材参考的对象不是壁画上的仙女，就是古画上的仕女，这些形象本就带有些许古人想象的成分——古代的画师、匠人通过艺术美化，打造出符合人们期待的形象，其中也会有几分生活基础，但要说完全就是历史上服装的真实样子，那也未必。

短打衣和新古装代表着百年前戏曲影响古装影视剧服饰的两个角度，反映了历史的真实走向与人们对于古装的美好想象，在这样的综合影响下才构成了如今的古风潮流。

△ 梅兰芳在《黛玉葬花》中的形象　　△ 梅兰芳在《天女散花》中的形象

穿戴攻略

作为现代人穿着古装，一般会有两种目的：一种是体验，一种是复原。前者当然不必在意服饰原本所反映的意义，甚至可以不必执着于还原度，比如用现代手法对传统短衣进行适度的创新设计和混搭。而后者则对此需要注意，在一些古装设计中（比如影视剧、古风装扮等），短衣可能带给观者的身份差异感也应该被重视并合理利用。

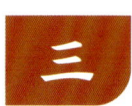

三 领式
——立领与交领，何者更有中国风？

❖ 基本概念

一般来说，衣服靠近脖子的部分被称作"领子"，且往往是服饰的视觉焦点。我们观察古风服饰，先看的也是领子。古代服饰的领子一般是迥异于现代服饰的，这也成了很多人区分古今服饰的一个方式。与肩膀垂直且绕脖子一周的，一般被称作"立领"，常见于清代服饰；而在此前的古代服饰上，更常见是一种交叉成小写字母 y 状的交领。其实交领在穿着时两边是呈字母 X 状交叉的，只是因为有衣襟遮挡，所以看起来才是 y 状。立领和交领更多是一种民间的俗称，实际上它们的称呼还有很多，比如明代小说中会称立领为"竖领"，称交领为"直领"。同名不同物或同物不同名的情况广泛存在于古代服饰中，这还没算上一些因古今理解差异造成的情况。因此细微之处要注意区别，切忌以讹传讹。

❖ 趣闻

在古代服饰中，交领最为常见，看的时候需要注意两个问题：一是交领的构成，二是交领的方向。

先说交领的构成，由于服饰是软的，因此必须要考虑穿着方式，这是很多人容易忽略的问题。若能使用有效的穿着方式，你会发现，即使床单这样的方形布也能穿出衣服一样的效果。它不仅能穿出希腊女神范儿，还能穿成随时起舞的印度女郎，当然也能将它摆布成一件交领款的衣服。

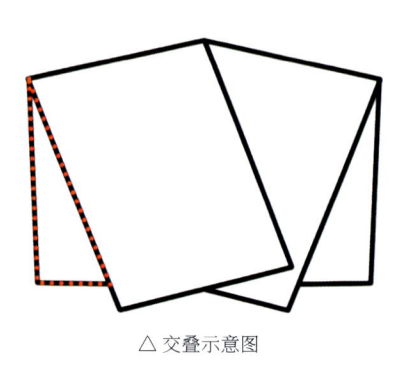

再举一个例子，比如和服也是交领的，但它在平铺状态下的交叉角度远远小于穿着时的交叉角度。作为代偿，和服的领子在脖子后面会有一个向下凹陷的弧度，而不是包住脖子。因此，只要仔细观察，就可以看出一些领子上的端倪。还有比如北齐古墓徐显秀夫人的壁画中，也可以观察到她背后领子的线条不是平直或者向上凸起的，而是向下凹陷的，这说明她的衣服在脖子后面有我们不可见的余量。

△ 交叠示意图

有些衣服甚至是故意取这种穿着和平铺的区别。中国丝绸博物馆藏品里的明初衣裙，从外表上看应当是对襟，可惜一些细节"出卖"了它——其穿着效果是左衽交领。它的左边比右边做得更宽大，领子的左边也更长一些，更重要的是，它右侧腋下的位置有系带，与左片中间的系带相呼应（左右相对于观看者而言）。这种对穿交（可以对穿，也可以交穿）的现象绝非个例，在至今一些少数民族服饰里依然存在。

△ 江苏无锡九碑墓出土的明代服饰，可摆成对襟，实际穿成左衽

除此之外，由于古代服饰较为宽大，因此可以在制作中做一些小巧思，使原本只能做对襟的服饰成为交领的款式。比如江苏无锡七房桥明代钱氏墓有一件左衽服饰，表面看起来是比较浅的交领，可以像前面提到的衣服那样穿成比较明显的交领样式，实际上这件衣服的交领并不是补了一块前襟做成的，而是偷偷折叠了一下角度。由于明代服饰足够宽大，有足够的余量去消融这个角度带来的误差，因此看起来就没那么明显了。

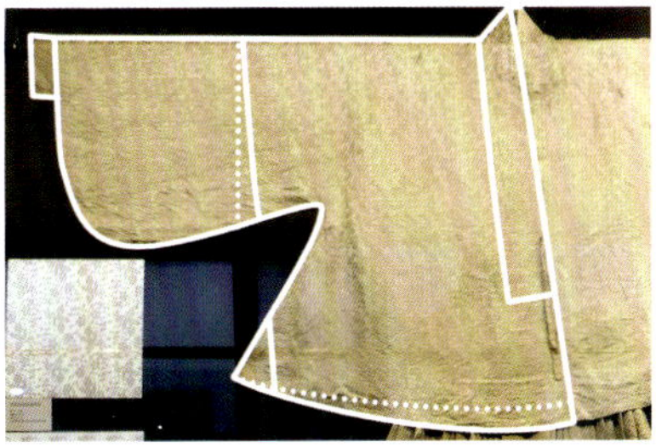

△ 无锡七房桥明墓出土服饰

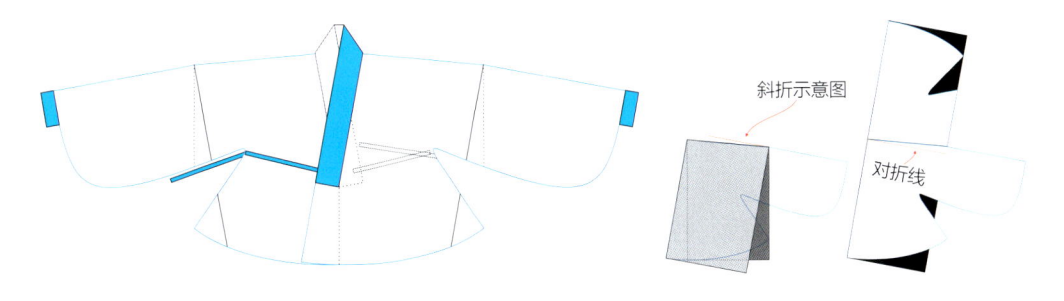

斜折示意图

对折线

△ 无锡七房桥明墓出土服饰示意图

首先，接袖处从内部看角度很明显（请看那个"|\"形的接袖），这是交叠的最重要实证。因为交叠以后，原来长方形对齐的边缘就不会重合了，而是呈现一个小三角形，如图中虚线部分所示。其次，这件衣服尽管呈现浅交领的状态，穿着时应该是穿成角度更大的交领，类似和服的平铺角度与穿着角度那样的变化。

这件衣服的前片比后片长约5厘米，当时在场的汉服专家认为这是留给女性胸部的余量，但这忽略了两个问题：其一，当时女性体态多含胸，事实上体态对前后片长度的影响更大；其二，小角度拉成大角度时（比如对穿交），前片会变短，因为斜边比直角边长，所以前片比后片长是很多对穿交的衣服的特点。

这种有趣的做法在旗袍上也可以看到。民国时期的旗袍看起来是一个完整的没有拼接的整体，但实际上衣襟交叠处是需要缝份（即制作服装时缝进去的部分）的，因此就用类似的方式"偷"出了一个缝份的量。只是旗袍相比于明代服饰要修身许多，误差没那么容易被消融，需要用到归拔的方式。归拔里的"归"是归拢、回缩的意思，"拔"则是拔开、延展的意思。归拔的极端效果是让一件完全平面剪裁的旗袍做出立体剪裁那样有胸有腰的效果，不过民国时期并没有做成这样。大概因为这块部分像是"偷"出来的，也就有了个诨名，叫"偷襟"。

△ 旗袍花扣

其次是交领的方向。很多明代服饰其实是左衽的，可见古人对于左衽这个问题并没有我们以为的那么在乎。不过还是要梳理一下左衽与右衽的意思，这样才能更清楚问题的所在。

左衽的问题主要出自《论语·宪问》中孔子的这段话，同时提及了披发、左衽这两点："管仲相桓公，霸诸侯，一匡天下，民到于今受其赐。微管仲，吾其被发左衽矣。"《论语注疏》中对此有这样的解释："衽谓衣衿。衣衿向左，谓之左衽。夷狄之人，被发左衽。"于是，左衽就获得了第一个意思——代表"夷狄"。

在儒家的另一本经典《礼记》中则提到了左衽的第二个意思，代表死人："小敛大敛，祭服不倒，皆左衽结绞不纽。"《礼记正义》中对此有这样的解释："'皆左衽'者，大敛小敛同然，故云皆也。衽，衣襟也。生乡右，左手解抽带便也。死则襟乡左，示不复解也。"

不难发现，这些主张几乎都来自儒家学说。然而在此后两千多年的历史中，服饰并没有按照这些主张来发展。而儒家提出这些主张，更着重于他们所倡导的伦理秩序，而并非对领子有什么执着。

导致这一问题出现的原因，可能还跟尚右的传统有关。既然右代表了"中原"和"生"，那么左就只能代表"夷狄"和"死"了。其实左右本来只是相对的方位，衣服往左穿还是往右穿最多关乎顺不顺手，但是因为被儒家提到了和华夷之辨、生死之别相关的程度，就变得复杂许多了。

那么历史上服饰的左衽、右衽的真实情况又是怎样的呢？这要分成两部分来说，一是与儒家经典同时代的左衽情况，二是后世服饰的左衽情况。

当时中原周围的小国、部落等按照方位大致可分为戎、狄、蛮、夷，比如孔子提及的齐桓公、管仲主要面对的是南方的楚国和北方的山戎。山戎按照记载应当是一支颇为强大的游牧民族，但服饰方面没有留下确切的史料，也就无从得知左衽还是右衽了。实际上就算是留下了装扮记载的"夷狄"，也不会刻意去写这个细节，即便是儒家经典也没有对此进行重点记述，比如《礼记》中记载："东方曰夷，被发文身，有不火食者矣。南方曰蛮，雕题交趾，有不火食者矣。西方曰戎，被发衣皮，有不粒食者矣。北方曰狄，衣羽毛穴居，有不粒食者矣。"楚国的情况则复杂一些，因为很多人认为，以楚国的文明程度是不能算作"蛮夷"的，但当时人不这么看，而且楚国自己也是以"蛮夷"自居的。但是楚墓发掘了不少，却发现服饰右衽这件事是无疑的。

总体来说，中国古代服饰的领子若出现交叠，右衽的情况确实比较常见，但是出于方便还是习惯，抑或是儒家的规则，就不好妄下结论了。而且不仅是中原地区，许多中原以外的服饰也是以右衽示人的。

其实，导致现在很多人耿耿于怀的左衽，往往出现在明代，并且集中于明代前期的女装上。这是因为在明代之前的辽金时期，人们有这样的穿着习惯，后来就被延续下来了。反观元代，却是无论男女都是右衽的。

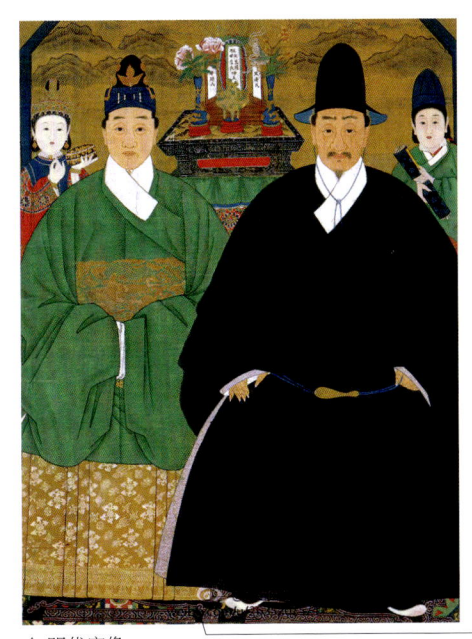

△ 明代容像

画中男女分别穿左衽、右衽的衣服，并非网络上讹传的代表两人一生一死

左衽

△ 明代佚名《夏景货郎图》（局部）

△ 明代佚名《明宪宗元宵行乐图》

在明代曾来到中国的朝鲜官员崔溥的《漂海录》中，明确记载了1488年明代服饰的左右衽的情况："江南人……妇女所服皆左衽……江北服饰大概与江南一般……自沧州以北，女服之衽或左或右，至通州以后皆右衽。""今大明一洗旧染之污，使左衽之区为衣冠之俗。"崔溥是一个恪守儒家学说的人，对于左右衽极为敏感，因此也就难怪为什么是他记下了这点，而不是明代人自己，因为没人会记下来自己习以为常的事情。另外，崔溥的记录同时也说明了一件事，那就是左右衽并不具备全国统一性，更多是一时一地的服装习俗而已。

讲完交领，再来看看立领。如今的唐装和旗袍上都有这个重要元素，因此对它的起源和发展要认真考证一下。在明宪宗时期（1465—1487）的一幅行乐图中，我们可以看到许多女子在穿着类似交领服饰的时候，领子上有另缀领扣的痕迹。一般来说，这种交领缀领扣的形式被认为是明代立领的起源。而在稍晚于明宪宗、葬于1504年的宁靖王夫人吴氏墓中，则出土了一件领口系带、又像交领又像立领的衣服。

这种交领（直领斜襟）与立领的传承演化过程，在孔府的一件传世实物（立领斜襟）中看得更为清晰。而正德时期（1506—1521）的出土实物，其立领对襟显示出这种款式的成熟度极高，已经看不出任何斜襟或者直领的痕迹了。时间线继续往前推进，明定陵出土的女装中（明神宗于1573—1620年在位），没有一件是交领（直领斜襟），虽然宫中女性的穿着不能代表当时女装的全部情况，但是也可从中窥见女性服饰潮流的瞬息万变。

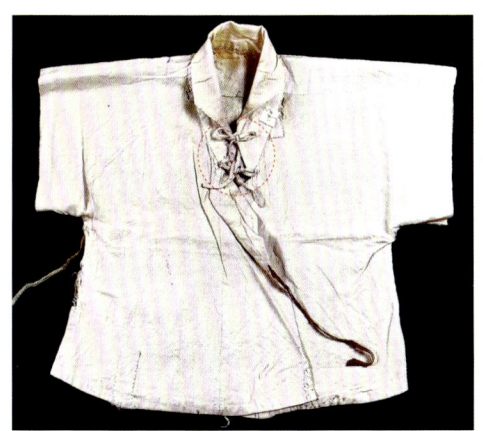

△ 明代宁靖王夫人吴氏墓出土的短袖棉衫 　　△ 明代佚名《明宪宗元宵行乐图》（局部），可以看到女性领子上有扣子

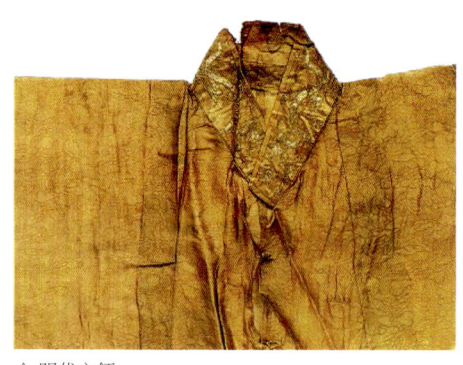

△ 明代立领　　　　　　　　　　　　　　△ 明代立领（翻折）

如果说立领是从交领过渡而来，那么我们又该如何去区分呢？总的来说，交领与立领是两种不同的剪裁方式。如果以交领的思维做立领，脖子前方的交叉点会比较靠下，穿起来的效果会显得有点豁开。如果是一般立领的思维，则是以贴合脖子的思路去做的，挖领的形状比较圆，但交叉点比较靠上，这样才能包住脖子。领子的裁片也会有所不同，直领或者交领的领子裁片一般是长方形，虽然斜裁会给予布一定的延展性，但不会太大。立领的裁片会做成前低后高的样子，后期还会有弧度，因为人体的脖子并不是一个直筒，而是有点弯曲的圆台形。

作为明代女性最后穿着的服饰，立领女装过渡到了清代是毋庸置疑的。由于旗人的服饰以衣不装领为特色，因此彼时汉人女子的立领就显得极富特色了，这也是清代前期汉女装与旗女装的主要区别之一。这种旗女装无领或缀假领而汉女装立领的趋势一直延续到清代晚期，直到氅衣、衬衣等当时特有的款式出现、流行的时候，立领仍没有进入旗女装的系统。立领被旗女装采用的时间很晚，几乎是清末了。而现在很多清宫戏中的旗女装采用立领，其实是不太正确的。

△ 清画中旗人服饰上无领

立领在长达四百年的时间里都是女人的专属，尽管后来淡化了这种标识感，但是由于日本学生装的掺和，我们无法分清什么才是传统的一脉相承的立领，什么才是西式剪裁的立领，可以说现代人对立领缺乏足够的认知。有些人企图去解释服饰中为什么会发展出立领，尤其一些人带着旗袍、唐装以及清宫剧戏服这样先入为主的思想，无法理解明代为什么会出现立领，于是就算到了小冰期（网络上叫"小冰河期"，其实是不对的）的头上。持这个观点的人是这么理解的——既然是小冰期，那一定很冷，而立领具有保暖功能，因此当时人发明出立领是为了保暖。但是寒冷真的可以促成立领的发明吗？夏天那么热，也没见有人拆了立领不穿。

这里提一点题外话，小冰期其实可能并没有大家想象中以及名称中给人感觉的那么寒冷。根据对小冰期较为权威的科学数据显示，即便算上 20 世纪以来全球不断变暖的问题，和小冰期的差值也不到 2 ℃。当然，这足以导致非常严重的后果，可以说它跟很多事情有关，但是否促成了立领的出现，恐怕还需要科学上进一步论证。个人认为，冷并不能让人发明立领，若真是冷得不行，使用围巾不比啥都强吗？

◈ 穿戴攻略

选择明代以前的服饰可采用交领，以后的服饰则可以采用立领。但一定要记得，交领不只是一种领子，立领亦如是，它们本身也有着各种不同的形式。立领的剪裁思路更立体化，也更现代化，因此对于一些中式服饰而言，立领元素显然更好用。至于左衽还是右衽，同样可以按照个人偏好去做，右衽中规中矩，左衽其实也不能算错。

四 衣襟

——斜襟、偏襟、大襟、琵琶襟……

❖ 基本概念

我们一般所说的襟，指的是衣服前胸的位置，也可泛指衣服的前片。对于服装来说，这里是设计最多元的地方，因此常常在"襟"这个字的前面加以修饰，以便区分不同的服装款式。由于在视觉中，这是一个非常突出的部位，在特写镜头中几乎也只能露出这些部位，因此很多人格外重视对衣襟样式的区分。

❖ 趣闻

● 欢迎来到"襟"的世界

一般来说，斜襟常与对襟相对，指前衣片分合的走向不居中的设计。这个不居中有多种样式，可以交叠成字母 y 形，也可以是有弧度的，类似日语里的"と"。

古风服饰圈里"立领斜襟""竖领斜襟"的说法，多指旗袍、长衫的那种样式，这种襟更多地被称为"厂字襟"（这是古风服饰圈比较有特色的称呼）。但其实厂字襟在清宫服饰里并没有那么普遍。

也有一些资料里会将斜襟称为"偏襟"，它们是否有绝对的可替换关系，目前我不太确定，还有待仔细论证。有些书中只采用一种说法；有些书中则会对相似的形态时而称呼这个、时而称呼那个；也有的书中会在形态上做区分，可这个区分只在这本书中"生效"，在别处让人看来又是混乱的。其实在古风服饰圈里，很多时候斜襟表示 y 形交叉的襟，而偏襟则常常用来指圆领袍上的那种样式。

△ 白罗长衫　　　　　　　　△ 白罗长衫局部，这样的领式被古风服饰圈称为"竖领斜襟"

第三章 衣装风云

△ 彩绣香色罗蟒袍

△ 彩绣香色罗蟒袍局部的立领大襟

△ 红绸斗牛袍圆领大襟

此外，民间更常用的还有"大襟"这个词，从而直接衍生出"大襟衣"这个款式专有词。大襟衣在不同的方言里可能略有变化，比如宁波话里就称其为"大襟布衫"（这里的衫也可以指有挂里的做法，和汉服圈的词义不太一样）。

大襟作为中式传统服饰上使用的一种襟的样式，与之相对的一般是对襟和琵琶襟。对襟后来演化成我们比较熟悉的唐装上的样式，而唐装流行以后，很多中式服装直接挂上"唐装"的关键词蹭搜索流量，反过来又影响了大众对服饰的认知。

琵琶襟是一种特殊的前襟交叠方式，它的前片只掩一半，并不到腋下。清代的琵琶襟在衣服下摆处有一个回收的设计，但是在如今的设计里比较少见了。不过琵琶襟相对来说比较冷门，如今很容易被直接归类到斜襟或偏襟的"万能"类别里。

△ 清代坎肩·对襟

△ 清代坎肩·琵琶襟

按照《清稗类钞》里"俗以右手为大手,因名右襟曰'大襟'"的说法,大襟的"大"并不表示这个衣片很大,而是指右襟。大襟和小襟(也就是左襟)是可以一样大的。但是大襟衣不一定是右衽的,左衽大襟衣的提法也很常见,可能是因为"以右手为大手"的这个说法并不具备全国流通性,导致有些地区只将其作为款式名称或专有名词来对待了。

前面提到的一些交领、圆领的服饰,在专业书籍中常被描述为"右衽大襟",由于往哪边衽还需要特别指出一下,可见这里的"大襟"本身也不分左右了,而这两种不同的款式在描述用词上却是一致的。一些资料里会提到"小襟衣",苦于一直找不到确凿的参考图,考虑到它常和大襟衣并提,推测这里应该不是分左右的意思,可能是取大小的字面意思。

△ 清代坎肩·大襟

△ 客家大襟衫

在上面这些概念里,最值得一提的仍是影响深远的大襟衣。身穿短装、花白头发、脑后梳圆髻的形象,作为中国老年女性的经典形象已经有近百年的时间了。尽管民国时期旗袍流行于世,但对普通人来说还是穿短装的时候比较多。这种黑色或蓝色或其他深色的大襟衣,其实是保留至今最具普遍性的传统服饰。比如汉族的重要支系客家人的传统服饰蓝衫,就属于这类服饰,只是形制相对更老一些。它的主要特点就是立领(高低方圆不论)、大襟(左右不论)、布纽,多由蓝色或青色、黑色的棉麻等较为粗糙耐用的面料制作而成,下面搭配裤子穿着(具有礼服性质时才会搭配裙子),符合两截穿衣的汉家女子的穿衣方式。

●剪圆成衣？这个脑洞成不了！

看完明代钱氏墓，可能有人会联想到短视频中有段时间很热门的"剪圆成衣"，即用一块方形布经过折叠后裁圆、挖块，就可以制成一件大襟上衣，甚至还贴上了"古法制衣"的标签。

这种剪裁方式之所以能在短视频平台风靡，因为它是基于平面剪裁，并且只需要用一块布折叠数次、剪裁几刀即可，无须拼接，表面看易学易做，且具有一定的神奇感。实际上呢？这种剪裁第一并非古法，第二其实也不易做，第三还挑布费布。不过，用这个方法的确可以做出一件真人可穿的衣服，但更适合做娃衣、纸衣之类比较小的成品。

△ "剪圆成衣"示意图 1

这种用一块布做一件衣服、仿佛"天衣无缝"的理想状态，对布料的幅宽要求很高。人类的臂展约等于自己的身高，即便折叠后袖子有向下的角度，这种方法要用到的面料幅宽也必然在 1 米以上。中国历史上手织布的主流幅宽基本为 50～70 厘米，这就意味着，要做出视频里的效果，就需要先将两块布拼合起来再做，显然这就多此一举了。

古代不是没有超出主流幅宽的面料，但那样的面料一般都是有特别用处的，不会拿来做普通人的衣服。而幅宽受限于织机的规模，不能无中生"宽"。之所以手工织机的幅宽始终停留在如今看来很窄的数字上，是因为引纬这个步骤在没有机械化之前，若超出人类双手的操作区间，就会极大地影响织布效率。

想织出更宽的布，需要付出的成本并不是多一倍人力就多一倍宽度这样简单的关系，而是会呈几何级增长。而实际上，民间的土布比上面列举的数据还要窄，不到33厘米（古代的1尺左右），在洋布的冲击下才有了2尺左右的改良土布。

其实历史上的剪裁方式都以节约为主流。明神宗定陵出土的服饰，经过排料依然可以看出十分紧凑。皇帝家都如此这般了，老百姓家里的布料当然更加紧张。

如果对类似视频里的做法有兴趣，需要注意几点。第一，要像视频里那样重叠出一块前襟的量，那这件衣服就不能做得很紧身，因为越宽松，容错率就越大。第二，如果对大襟形态有追求，就不要选这种做法，因为大襟的弧度受限于斜边，无法做出理想形态，做对襟或者斜襟会更好。第三，面料质地和花色都不要选方向性很明显的，因为用这种做法做出来的成品，其前襟的纱线方向是倾斜的，最终会和用其他方式做出来的纱线垂直的效果有出入。新手做衣服最容易忽视的就是纱线方向这个问题。第四，这种方式做出来是类似插肩袖的效果，袖子的灵活性大大降低，只是一种平面剪裁的方式，不具备传统剪裁的优点。最后，这种方式只适合小体型的娃衣，因为只有动手做起来才知道，按真人比例制作时，从画圆开始就会崩溃，然后怎么折叠都不平顺、不对称，达不到视频演示的效果。事实上，这些视频都是用小块面料来演示的，原因可能也在于此。

△ "剪圆成衣"示意图2

❀ 穿戴攻略

这些丰富的衣襟样式变化，其实在立领下才会频繁发生，这是因为立领能将衣襟的设计部分释放出来。在早期的中式服装设计里，灵活应用不同的衣襟样式，可以设计出许多不同风格的服饰，当然，这些不能算是古风服饰，但至少是一种延伸和发散。

比起衣襟的多种多样，我们其实更应该理解它们为何被设计成那个样子，以及古人的制衣智慧可以带给我们哪些启发。

五 裤子
—— 不像裤子的裤子

◆ 基本概念

在现代汉语里，裤子指的是穿在腰部以下的衣服，有裤腰、裤裆和两条裤腿。但在古代服饰里，裤子却不一定有这些元素，有的没有裤裆，有的没有裤腰，这也导致裤子成为古今许多人眼里理解偏差最大的服饰之一。

◆ 趣闻

关于裤子，网上一直流传着《汉书》中一则霍光为了让自己当皇后的外孙女受宠于皇帝而发明带裤裆的裤子的故事："光欲皇后擅宠有子，帝时体不安，左右及医皆阿意，言宜禁内，虽宫人使令皆为穷绔，多其带，后宫莫有进者。"

这里提到了一个词——"穷绔"，后人给这个词加了一个备注："穷裤前后有裆，使不得交通。"可见这种裤子有裆。由此出发，有些人认为，在霍光之前的人们可能不穿裤子，又或者只穿开裆裤。由于那个时代长袍长衣占据服装主流，外观上足够遮蔽下身，于是就产生了古人不穿裤子的传言。

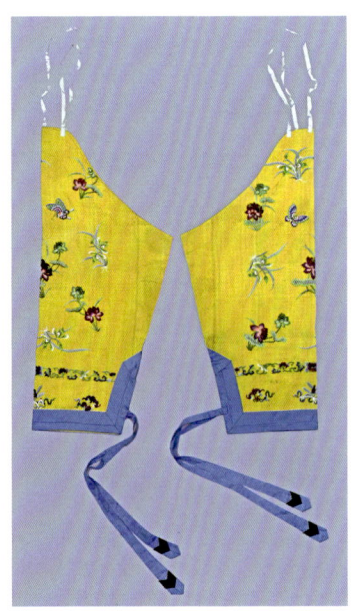

△ 套裤的穿着方式　　△ 图上原注："此是练力气抖大空竹之图"

古人当然是穿裤子的，只是他们的裤子可以分为开裆裤和合裆裤，还有一种现代人可能会称为"护腿""套裤"的连裤裆都没有的裤腿。不仅如此，古人其实会穿很多层裤子，这些看起来单穿都有些过分暴露的裤子，在很长的时间里是组合穿在古人身上的，就跟现在人既穿内裤、又穿秋裤、还穿外裤一样。我国境内发现的最早的裤子，有西周时期虢国的两条套穿的合裆裤，但是裤腰不存；另一条是新疆洋海墓地发现的游牧民族的裤子，它足以证明，至少在三千年前，中国人已经穿上了有裤裆的裤子。

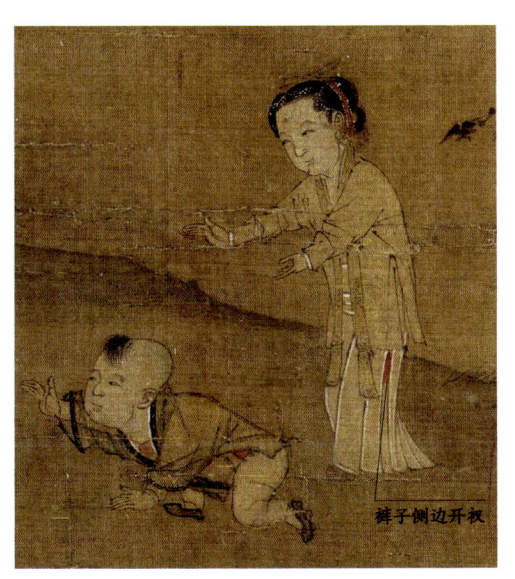

△ 两侧开衩的裤子（内里还有叠穿的裤子）　　△ 裙子下的裤子

马面裙前后开衩，露出内层裤子

但是为了了解古代服饰，我们还是要区分一下古人的裤子概念。

现在的裤在古代写作"袴（kù）"，也作"绔"，就是"纨绔子弟"里的那个字。东汉许慎在《说文解字》里解释："袴，胫衣也。"从脚踝到膝盖这一截叫"胫"，可见袴就是套裤一类的东西。这个字与如今的裤同音，很多人会将两者等同起来，误以为改一下写法就是古今区别了。千万不要这么做，如果这么理解的话，那么这句"孙略冬日见贫士，脱袴遗之"（北宋李昉等《太平御览》引《列士传》）就顿时显得十分奇怪了。实际上更接近现代裤子概念的是下一个字。

裈（kūn），唐代颜师古在《急就篇注》中说"合裆谓之'裈'"，东汉刘熙在《释名》里则说"裈，贯也，贯两脚，上系腰中也"。意思是说裈不仅有裤裆，还有裤腰，整体结构已经很像现在的裤子了。清代郝懿行在《证俗文》里说："古人皆先著裈，而后施袴于外。"这就有些像内裤的意思了。当然，古人的内裤没有现在这么迷你，就连民国时期的内裤都还没现在这种小小的。

前摆撩起后露出里面的多层服饰

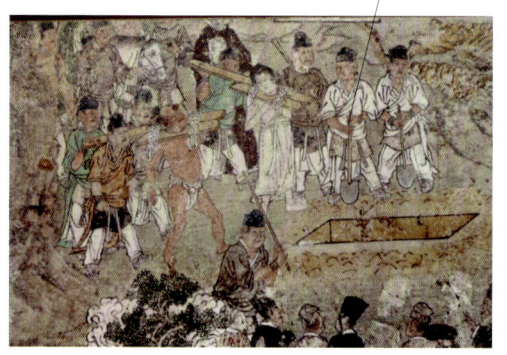

古人的"短裤"

△ 山西高平开化寺壁画（局部）

竹林七贤里的刘伶在自己家里"裸奔"，有客人看不惯而责备他，他就说："我以天地为栋宇，室屋为裈衫，诸君何以在我裈中？"话虽然说得不够细致，但可以由此看出裈与裤是有区别的。后来合裆裤成了主流，"裤"这个字其实是"袴"字的变体，但在读音上却取了"裈"。

由于裤子是一件天天必须穿的实用衣物，没有裤裆似乎显得不够文明，因此在裤子的起源尤其是合裆裤的起源的争论里，就容易夹杂着一些"鄙视"的情绪。实际上人对服装的基本需求是实用性，不管是保暖还是防护。比如裤子，它一定是为了某种需要而被发明出来的，后来才一步步变成现在的样子。那么古代什么人最需要裤子呢？骑马的人，因此有一个公认的观点就是，游牧民族最早发明了裤子。不过大家都很难找到所谓最早的证据，只有找到最早的证据，才好进一步讨论传播路线。

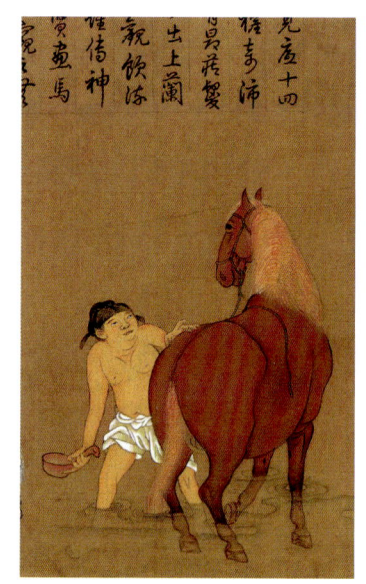

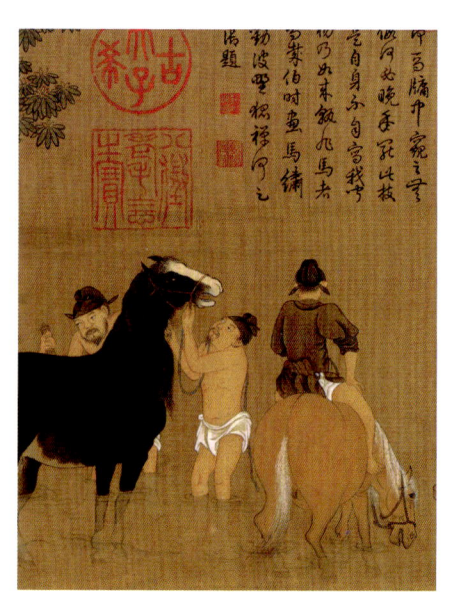

△ 元代赵孟頫《浴马图》（局部）

中国最早的裤子之一，前面也介绍过，是几年前在新疆吐鲁番洋海墓地发现的，那个地方就在火焰山附近，气候十分有利于保存文物。这样的裤子有两条，都呈现出裤脚纤细而裤裆宽松肥大的样式，和现在骑马裤子的设计思路很有几分相似。经过碳十四测定，其年代可能在公元前 1261 至前 1041 年之间，可以说是十分古老了。并且从陪葬物品看，墓主人需要骑马，可能是一个战士。

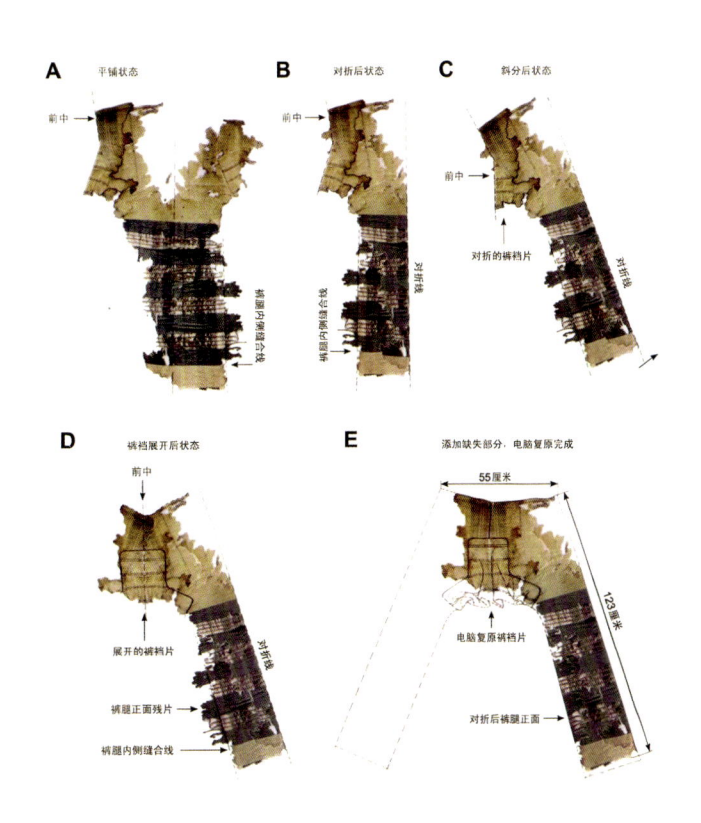

△ 新疆洋海墓地出土的合裆裤

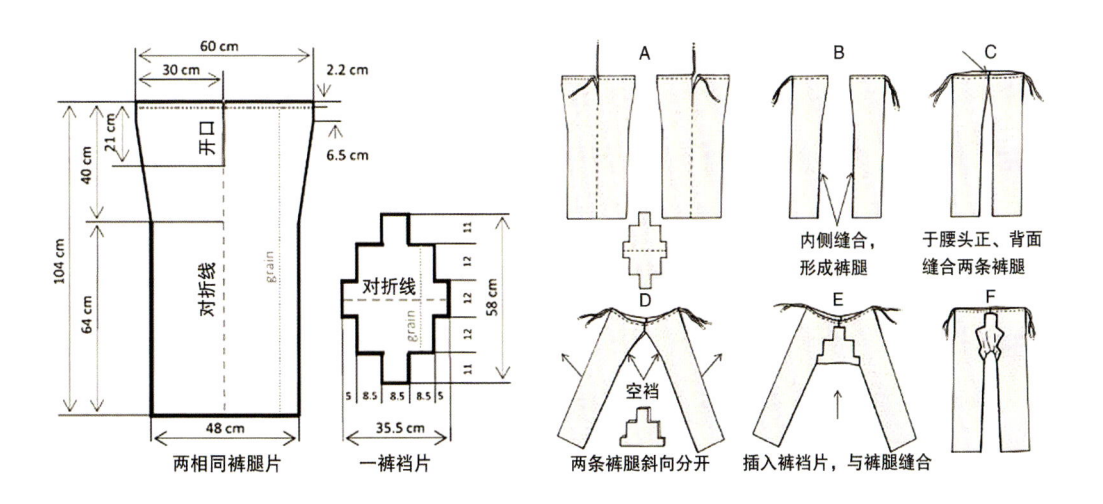

△ 新疆洋海墓地出土的合裆裤相关剪裁数据

这两条裤子的结构很简单，使用羊毛为原料，裤腿分别是两个长方形，裤裆则是一个阶梯形的布，上面竟然还有装饰。大大的裤裆方便腿部活动，比如上马、下马和骑马，可以说兼顾了功能和时尚。洋海古墓出土的裤子究竟是不是世界上最早的裤子还有疑问（毕竟考古发掘挂一漏万，像新疆这样的保存条件更加难求，不具备这样的保存条件，就很容易造成文物损毁），但它可能是目前世界现存经过科学测定的最早的裤子，还是有一定重要性的。

其实我们身上任何一件衣物，都是经过漫长的历史才发展成如今的模样。剧烈的时代变化，让我们很难用自己的生活经验去推测古人是如何穿着它们的，但是它们依然像一条温暖的线，牵着岁月的两头。这里是年轻的我们，那里是曾经年轻的他们。

△ 明代黄缠枝莲暗花缎夹裤复制件

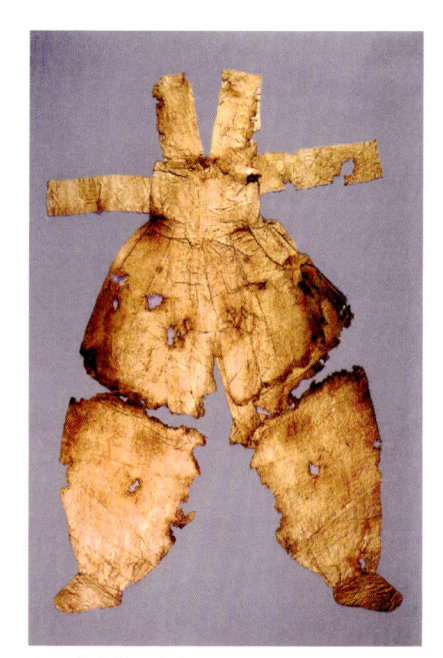

❖ 穿戴攻略

其实裤子对想穿古代服饰的人来说是一个大难题，因为现代人或许愿意像古人那样去穿衣服，却几乎没人真正像古人那样去穿裤子。那么，退而求其次，现在的古风裤子大多只仿裤型，但必须保留或补上裤腰、裤裆这些部件，有的还会有一些改动，让裤腰、裤裆变成现代人比较方便穿脱、扎系的样式。但裤子最终会影响服饰整体的穿着效果，尤其在不愿意多层叠穿的情况下，这是由方便带来的必然结果。

△ 辽代背带连脚裤

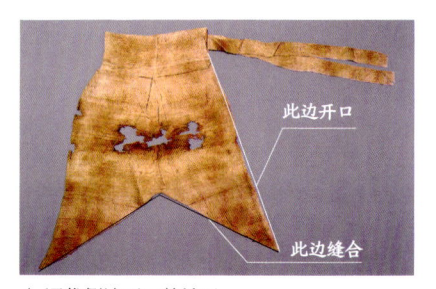

△ 辽代侧边开口的裤子

六 马面裙
——不能套用现代思维想象穿着方式的裙子

◆ 基本概念

马面裙的基本形态很简单，不考虑后期的一些变形，马面裙就是正面看过去有一个光面（不打褶）而两侧打褶的裙子。那个宽宽的、不打褶的光面就被称为"马面"，马面裙也因此而得名。

马面裙是一个每个字都认识但是组合起来就很令人困惑的词，但它又是一个高频词，不但会出现在明代服饰、清代服饰里，还会在民国服饰和戏曲服饰里出现。它是如此流行和普遍，其怪异之处也就更加令人印象深刻了。曾经，马面裙为什么以马面为名，这个问题一直困扰着我，直到发现古代城墙建筑中有一个突出的结构叫"马面"，瞬间顿悟。

然而，马面裙是否真的和城墙中的马面有关系呢？

作为我国古代城墙防御系统的结构，马面最早出现在《墨子》里，被称作"行城"，在宋代之前可能被称作"却敌"，而它被称作"马面"则至少是宋代的事情。南宋陈规等人所著的防御专著《守城录》中说："马面，旧制六十步立一座，跳出城外，不减二丈，阔狭随地利不定，两边直觑城角，其上皆有楼子。"

城墙在生活中对古人来说远比我们现在要密切得多（如今很多城市的城墙在近现代的城市建设中被拆毁了，比如宁波的城墙就是在民国时期花了十几年被拆光的），虽然并不是每座城的城墙都有马面，但有防御需要的城池一般还是会保留的。马面作为冷兵器时代城墙上非常有标志性的结构，其作用直到冷兵器逐渐被火炮取代时才逐渐衰弱。由此可以推测出，马面这个词对于过去的人来说应该是不陌生的，至少不会像我们一样只联想到"马脸"或者"牛头马面"。

以此推之，在明代提及"马面褶"的时候，因城墙的马面结构，人们应该非常容易联想到凸褶。比如明代刘若愚在《酌中志》中说："曳撒，其制后襟不断，而两傍有摆，前襟两截，而下有马面褶，往两旁起。"

但以上说法我并不能肯定，暂时也没有足够的直接证据来证明，此前似乎也没人提到过这个问题，之后也没有人对此进行过讨论，很多涉及的地方只是断章取义地搬运。没有讨论也就意味着，没有人提出过疑问或异议，因为很多提到马面裙的书籍，不管是服饰、戏曲的还是文物相关的，都只是说明中间不打褶的光面称作"马面"，而对其来源并没有做进一步解释。

❖ 趣闻

可能是由于马面裙的普及性，从出现到进入现代社会前，它几乎没有从中国人的生活里完全退出过，因此早期的一些书籍里马面裙会被当作中间光面、两侧打褶的裙子的统称，而马面褶也被当作是"凸褶""箱褶"的同义词。但是马面裙又离我们的生活越来越远了，以至于很多人，尤其是一些古装剧甚至古典服饰里，都会将它的结构弄错，掉入它的"结构陷阱"中。因此，我们对马面裙需要有一个正确的认知。

前面已经说过，那个不打褶的光面叫"马面"。既然用"不打褶"来描述它，当然是因为这个马面并非另外添加的，原本就在裙子的结构里，并非另外挂上去的。马面裙尽管主体结构一直变化不大，但是各朝审美偏好不同，因此会有一些细节上的区别。比如清代人特别喜欢装饰这块马面，在视觉效果上中间这块就像是独立的一条，但其实结构并没有发生本质上的改变。可惜有些影视剧的服装设计师没有搞清楚这点，做出来的服装是错误的。

我们现在所穿的裙子基本是缝合成筒状的，因此对真正的马面裙形制会比较陌生。马面裙是前后对称的，也就是说，前面有一个光面，后面也有一个光面，看起来似乎是一块布围起来的，其实是两片式的，两个马面并不在同一块布上。可以这样想象，一条马面裙是将两块布重叠地缝在一起，每块布都是两头光面、中间打褶，而重叠的宽度正好是一个马面的宽度。于是，马面裙并不只有一个马面，也不是两个，而是四个，两两重叠，前后对称。而前面这个马面被称为"裙门"，既然是门，当然是可以开合的了。

那么，有没有单马面的裙子呢？近年来据说有人还原了宋代的"百迭裙"，样

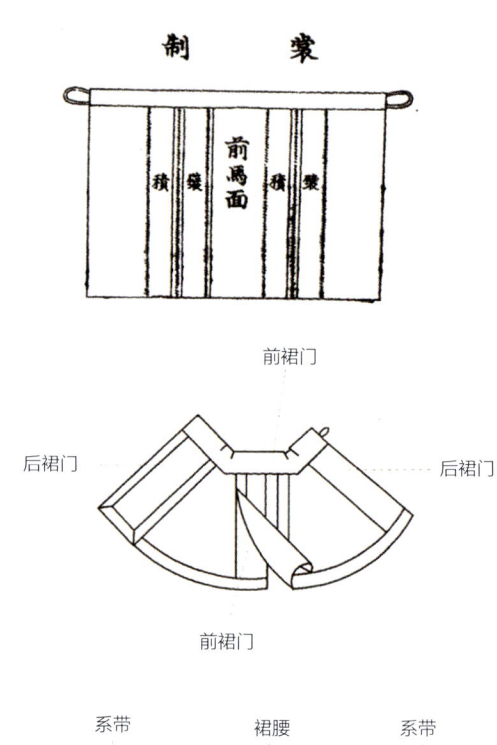

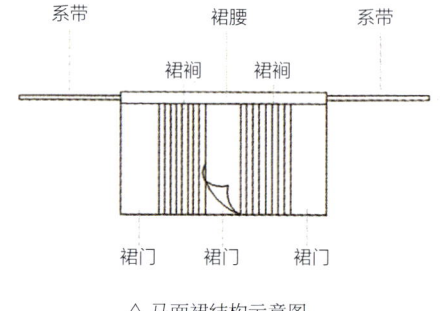

△ 马面裙结构示意图

式是一片式围系穿着的只有一个马面的裙子，裙子中间打细褶，两边留光面不打褶。据说这种款式的复原根据是华梅先生的《中国服饰史》，但书中提到宋代裙子的特点是"时兴'千褶''百迭'裙"，可能并不一定是款式名称，而且也不能通过其描述将样式限定为中间打褶而两侧光面不打褶。"百迭"在诗词里出现，更多是形容山势连绵起伏，在另一些文献中也有用"百叠"的，因此一些服饰书籍里也会把词条列为"百叠裙"。华梅先生的书中给这段文字配的图是晋祠侍女像，形态和上述的"百迭裙"显然不同。

其实一片式围系穿着的裙子，为了避免交叠时裙褶相叠造成不自然的隆起，在相叠处的两头会留一定的光面而不打褶，是很自然的，发现有此类做法的文物并不稀奇。在没有经过严格的论证、考据之前，并不能下论断说这些文物就是宋代的百迭裙。我们现在的百褶裙，之所以没有光面，是因为它是套穿的裙子，本身就是一个圈，没有头也没有尾，因此也就没有必要留光面了。

单马面裙并不是没有，相反它曾经在我们眼前晃过很多。比如《上海越剧志》中写道："越剧的裙，主要是花旦的百裥裙。最早穿的都是传统大裥裙，前后有'马面'，俗称'马面裙'，以后去掉后'马面'，改为单马面裙，经常用于老旦。传统的鱼鳞百裥裙往往作衬裙使用。"后来戏曲中还大量出现了马面独立存在的裙式，直接带偏了后来古装剧对马面裙的理解，想来这可能也是很多古装设计师对于马面裙理解出现偏差的源头。

绘画整理：韩品元 孙忠贤 顾大良 张瑜美
Arranged and painted by Han Pinyuan Sun Zhixian Gu Dailang Zhang Yumei

1. 单马面百裥裙（菊花蝴蝶纹）
Pleated skirt with single *mamian* (with chrysanthemum and butterfly patterns)
2. 单马面百裥裙（边襕如意纹）
Pleated skirt with single *mamian* (with *ruyi* patterns on hems)
3. 单马面百裥裙（花草纹）
Pleated skirt with single *mamian* (with flower and grass patterns)
4. 单马面百裥裙（花草纹）
Pleated skirt with single *mamian* (with flower and grass patterns)

△ 越剧戏服中的裙子（来自《越剧舞台美术》）

△ 京剧戏服中的裙子（来自《梅兰芳访美京剧图谱》）

说了那么多马面的事儿，下面说说马面裙上的裙襕和侧面的褶子。这里要排除一下后来发展出的无打褶的形式——都没打褶了，还怎么说褶子呢？其实，从这两项的发展也能看出服饰的时代性，不只是清代流行装饰裙门、明代更素雅一些这么简单，事实上，明代裙襕的位置、样式都有变化，而清代马面裙的褶子多且密，还特别工整。

裙襕是指裙子上横向的边，作用无非是装饰、搭配等。明代马面裙有单襕的，也有双襕的，底下的称为"底襕"，在它之上的称为"膝襕"。比如明神宗定陵总共出土裙子47条，其中襕裙12条，双襕裙8条。可以看出，双襕的位置偏下，尤其是膝襕并非很多人印象里位于裙子的中间。并且膝襕宽于底襕。裙襕的位置其实决定了穿着它的视觉效果，而不是单独悬挂时的视觉效果。

△ 明代单襕裙

双襕裙的流行年代是明代中期，与此同时，明代女装衣长的流行趋势是逐渐由短向长发展。这里有一个常识，当衣长超过一个限度，双襕便没有全部在衣服下面展露出来的必要和可能了。事实上，当衣长大约到大腿中部与膝盖之间的位置时，双襕已经无法展示了，而这个时期大约是嘉靖到万历时期，与《金瓶梅》成书的时间有重合部分。此时，底襕依然露出衣外，且由于衣长关系，开始变得更宽、更华丽。而由于底襕被强调、膝襕被衣服遮掩，出现了两种不同的分化方向，一是膝襕被省略，二是膝襕占了裙子的大部分面积而逐渐偏上。

△ 明代双襕裙

为底襕发展而被省略的膝襕，后来被用在了圆领袍等礼制服装上，因此有理由怀疑，膝襕是否曾被当作服装礼制中的一条极其细枝末节的规则存在。而这个时期的民间却正流行着各种白裙，比如《金瓶梅》中描写道："他浑家李瓶儿，夏月间戴着银丝鬏髻，金镶紫瑛坠子，藕丝对衿衫，白纱挑线镶边裙……因看见妇人上穿沉香色水纬罗对襟衫儿，五色绉纱眉子，下着白碾光绢挑线裙儿……于是走到屋里，换了一套绿闪红缎子对衿衫儿、白挑线裙子……看见王六儿头上戴着时样扭心鬏髻儿，身上穿紫潞绸袄儿，玄色披袄儿、白挑线绢裙子……"这里面出现了若干白色的裙子，可见它在当时的流行程度。

△ 明代马面裙

到了明末清初，不仅衣长到了一个无以复加的程度，披风这样的潮流时装也大行其道，素裙配到了女人们的衣服下面。白裙或者说素裙的潮流一直延续到清代，连圆领袍也随着潮流改用素裙搭配。在这一时期，裙褶的数量大大增加，且在裙门处出现了简单的装饰。至清康熙晚期，裙门出现被独立装饰的迹象，一个属于清代的马面裙装饰风格自此开启，随之而来的是结构上的偏重也发生了变化。清代重视裙门的装饰，裙褶就逐渐被弱化、视觉化，逐渐失去了功能性。

△ 清代马面裙，可看到裙门装饰华丽

比如戏曲里很常见的鱼鳞褶裙，基本形制依然算马面裙，但侧褶是一种特殊的打褶方式。鱼鳞褶不仅数量非常惊人，而且可以给裙子定型。要发展出这样的裙子，势必要在对细密褶子高度认同的基础上才能有所升级。从发展顺序来说，褶子多且细密的百褶裙理应出现在前，然后出现的是褶子被固定的百褶裙，最后才是改变相邻细密褶裥的上下绗缝位置、拉开后有鱼鳞般效果的鱼鳞裙。

△ 清代鱼鳞褶裙 　　　　　　　　△ 鱼鳞褶细节

成书于清乾隆年间的《扬州画舫录》中说："裙式以缎裁剪作条，每条绣花两畔，镶以金线，碎逗成裙，谓之'凤尾'。"咸丰、同治年间的一首竹枝词《时样裙》中说："凤尾如何久不闻？皮棉单夹费纷纭，而今无论何时节，都着鱼鳞百褶裙。"由此大约可以推测出鱼鳞褶流行时间是在清代晚期。因为与照相技术进入我国的时间大约重叠，所以我们可以看到许多鱼鳞褶的老照片。但是由于黑白照片不太清楚，我们往往容易忽略，许多女性其实当时穿的是鱼鳞褶裙。

穿戴攻略

说了这么多马面裙的特点，大家可能发现，这裙子现在几乎完全没法在日常生活里穿着，因为它前后都开了门，感觉很容易就走光了。出现这样的想法，是因为大家认为裙子里面是光着腿的，最多穿上打底裤。可是古人不是这样穿的，且不说裙子里面可能还有裙子，其实裙子下面还有裤子，裤子里面还有裤子。当然，具体的名称会有所不同，但用现代服饰类别的概念来形容，大约就是这样的。

其实，与其说马面裙是一种裙子，不如说它是没有裤管的裤子。因为重叠的裙门正好贯穿前后的中间，而侧面反而是封闭的，所以它对行动的妨碍极小。

△ 明代马面裙仿制品穿着侧面效果　　　　　　　　　　△ 明代马面裙仿制品穿着站立效果

与马面裙密切相关的还有作裙。或许很多人熟悉这个词是由于另外一个噱头——"男人的裙子"。的确，以前江南地区男子身着作裙是很常见的。它的穿着顺序一般是围系在宽大的棉裤外面。作裙的作用一是可以防寒，二是类似围裙那样有耐脏的功能，冬季或者劳作的时候，江南男子就会穿着。由于现在男人很少穿裙子，因此大家对这种穿法抱有些许猎奇的心态。其实男性穿裙子在古代并不罕见（先不说什么衣裳制），在一些墓葬中也屡有出土。当时男子的裙子多用作衬裙，当然外穿的也有。其实作裙是男女都会穿的，短至膝盖，长则至小腿。在1971年的京剧电影《沙家浜》里，江南妇女阿庆嫂穿的就是一件比较短的作裙。

作裙的基本结构和马面裙是一样的：两片式围穿的裙子，中间光面，两侧打褶。又由于马面裙后来发展得裙褶越来越密，因此作裙侧面的裙褶几乎是细密的抽褶，并且还有一个特点，它会在两侧打褶的地方用彩线做一些几何装饰。作裙的穿法也可以帮助我们了解这类裙子的穿着方式，即从后往前围系。

编外一 上衣——是袄，是衫，还是襦？

◆ 基本概念

古人的衣服应该是什么样子的，可能会有很多回答，因为不论实物还是图像资料都比较匮乏。但是由于文献资料比较丰富，因此很多人对这些衣服的印象就是它们都有一个如今不怎么常用的名字。

袄与衫是如今依然活跃的衣服名称。如果只是出现这两个字，虽不一定能描绘出具体形制，但至少还是可以感受出它们的温度差别。袄是厚的，拥有夹里的式样；而衫是薄的，是单层的式样。不仅如此，衫还会给人一种松快随性的感觉，不会做过多的装饰和剪裁上的缀加。这些感觉其实就来自人们对这些词汇千年来的使用习惯，尽管在如此漫长的岁月里，它们所指之物已经发生了巨大的变化。

衫在剪裁上略去了袖缘的部分。要知道，只有 49 克重的素纱禅衣也都做了袖缘，如果去掉这个部分，就可以做得更轻更薄。但古人没有这么做，可见对单衣这个款式来说，有袖缘是一件非常重要的事情。于是，衫的剪裁明显比其他服饰来得简单，有的甚至会将领缘略去。

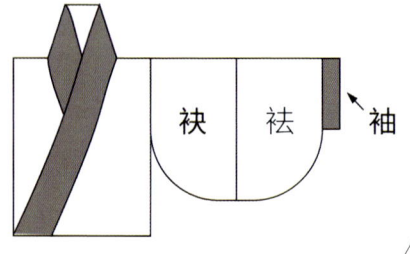

△ 衫

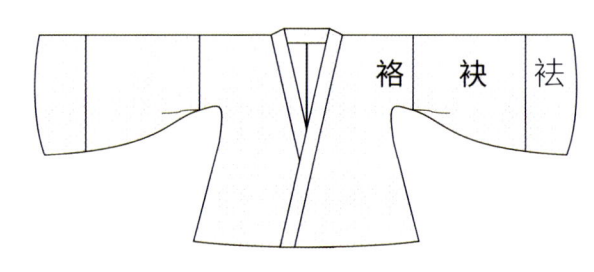

从表面看起来，与衫相对的就应该是袄，因为袄会夹里。袄还给人一种包裹的感觉，因此一般宽大的穿在外面的服饰也会被称作袄。这种感觉并不是我们现代人凭空生出来的，因为古人也这么觉得，他们认为袄是袍的"遗像"，而袍的夹层里也是絮麻类纤维。此外，古人还会用如"裹""苞"这样的相近字去解释袍，由此也可以看出，袍本身对身体的遮蔽与遮挡带有一种类似保护的感觉。

△ 北朝紫缬夹衫（丝绸博物馆修复品）

不过在早期的历史中，更流行的是如今人们眼中的长衣，那时候出现的衫与袄一般也都是长款。在提及古风服饰的长短宽瘦时，要多加留意，因为古人的短衣可能在今人眼里依然很长，很多古人眼里已经算袄的服饰，我们可能会脱口而出管它叫袍。

除了这两个字，还有一个在现在来说略显生僻的字——"襦"，但它在文献里其实出现得非常高频，对古装稍有了解的人，往往对襦很有兴趣。襦实际上是一个在现代语境里已经淘汰了的词汇，而它的样式对于现代人来说又足够特别。如今，我们已经可以通过出土文物和当时的陪葬清单大致推断出这是怎样的一种款式：它短衣直袖，最为特别的地方在于，衣服的最下面会拼接一块额外的面料。襦在现代词典里有短衣的意思，在流行长衣的年代里，它经常作为内搭的服饰，营造出一种层叠繁复的效果，可以说这些短衣往往担负着比长衣更复杂的劳动的功用。

除了前面提到的上衣，名词上有些古怪的还有"褶"，这是一种对称交掩穿着的衣服，是对穿交的常客。

以上的衣服一般都是长袖，另外还有短袖的衣服。在古装造型中，袖长不同的服饰叠穿，可以营造出更为复杂多变的效果。但事实上，这是一种比较现代的造型思维，按照古人的思维，短袖服饰更多是穿在长袖服饰的里面，比如有些俑看起来鼓鼓囊囊的，原因就在于此。和长衣与短衣体现阶层的区别一样，贸然将穿在里面的短袖露出来，也会有类似的效果。《红楼梦》里处处提到丫鬟们穿的是比甲（一

△ 甘肃嘉峪关新城魏晋壁画墓七号墓壁画上穿襦裙的女子

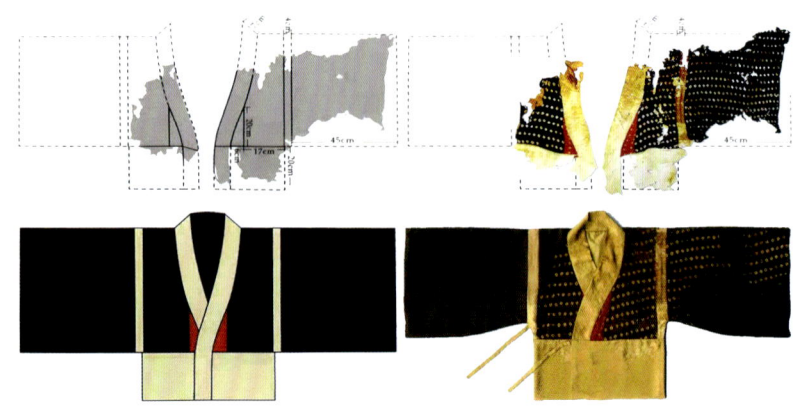

△ 甘肃花海毕家滩 26 号墓出土十六国时期的绿襦和紫缬襦修复前后

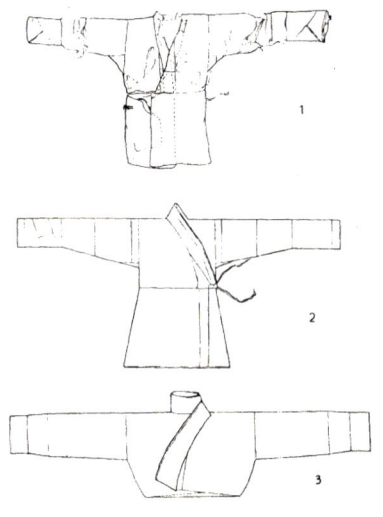

△ 新疆尼雅出土的种类繁多的襦

△ 甘肃武威磨咀子汉墓出土的浅蓝色绢丝绵襦，交领右衽，袖端和腰下都接有白绢

种无袖上衣），大约就是如此。短袖的古装显得扑朔迷离，一部分原因也在于，在漫长的古代岁月里，半袖得以完全展示的机会还真不多。

关于称呼，可以按照习惯，将夹里称作袄，将单层称作衫。但要注意，衫的剪裁不可过分复杂，而袄是可以比较宽大的。讨论称呼的目的是了解叫什么会更合适，而不是阻拦他人对服饰的称呼。当然，如果是要认真地考据称呼的话，就不能用这么粗暴的原则了，而是应该更严谨。

对古风服饰的穿戴，究竟应该遵循古人的习惯还是现代人的习惯，一直是一个争论的焦点，像半臂、短衣的穿着也都是非常值得讨论的。以我个人理解，简单来说就是，如果喜欢，那就大胆去穿，但要做好面对懂行之人问询的准备。古风服饰哪怕冠以"古"字，但由现代人来穿了，必然会产生古今冲突，哪怕穿了一件真的古董，也一样要面对古今截然不同的生活方式带来的服饰便利性讨论，更何况穿着理念本身就不同呢。

◆ 基本概念

说到古人的内衣，第一个想起来的是不是就是肚兜了？肚兜也叫"兜肚"，古称"袜肚""袜腹"。要注意的是，这里的"袜"不是"襪"，它的繁简体都是"袜"（"襪"字简化后被合并到了"袜"字里），念 mò，有系、围、遮盖的意思。

在很多人的印象里，肚兜是女人的内衣，用现代人的思维去理解，那就是胸罩，或者叫文胸。于是一个"公式"就这么产生了："肚兜 = 胸罩"。又因为"兜"和"罩"的意思差不多，所以将等式简化以后就是："肚 = 胸"！

这个结论显然不对，肚兜不等于胸罩，也代替不了后者。既然如此，那古人是怎么捂着胸部的呢？应该说，现代这种塑形文胸并不是女性内衣的常态，无论中外都是如此，它的发展期是从 20 世纪中期开始的，与之相应的，民国旗袍一直都是没有胸部曲线的。

古人那种能与现代文胸比拟的东西叫"抹胸"。很多人以为抹胸和肚兜是同一件东西，持此类观点的人不一定知道他们

编外二

内衣

——古今差异总在看不见的地方影响我们

△ 古画中孩童身上的肚兜

△ 南宋肚兜（墓主为成年男性）

的错误印象来自哪里，其实是从《清稗类钞》而来的。这本书成书时间约在民国初期，其中写道："抹胸，胸间小衣也。一名'袜腹'，又名'袜肚'。以方尺之布为之，紧束前胸，以防风之内侵者。俗谓之'兜肚'。"这个观点后来被《辞源》《辞海》《现代汉语词典》等辞书收录，成为流传广泛的认知，但个人觉得，这里仍需进行考证再下结论。不可不信书，但又不可尽信书，这里就是一例。

△ 宋代抹胸

△ 明代仇英《仕女团扇图》（局部），女子身穿薄衫，透出红色抹胸

清代小说对此类内衣多有描写，比如《金屋梦》中写道："又见个女鬼，甚是标致，上下无甚衣服，裹着个红绫抹胸儿，下面用床破被遮了身体走来。"《快心编》中写道："奶旁高起，全凭勒住抹胸；腰肚粗宽，不可放松裙带。"通过以上引用文字，可以明确抹胸是用于束住乳房的，并非肚兜这样的"方尺之布"，因为它至少得能用"裹"这个动词。在此之上的才是抹胸。虽然现在也有同名的"抹胸"，但显然是有差异的，古代的抹胸是不会露出肚脐的。

至于类似肚兜的这种贴身衣物，男女都有穿着。《红楼梦》里的贾宝玉就穿过，并且提及了穿着肚兜的作用："原来是个白绫红里的兜肚……袭人笑道：'他原是不带，所以特特的做的好了，叫他看见由不得不带。如今天气热，睡觉都不留神，哄他带上了，便是夜里纵盖不严些儿，也就不怕了。'"

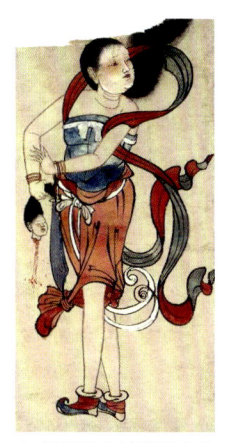

△ 俄藏黑水城壁画中穿　　△ 北宋王居正《纺车图》（局部） 　　△ 山西高平开化寺壁画（局部）
　着抹胸的女子

　　讨论古代服饰比较忌讳的就是用现代的服装体系去一一代入。抹胸其实也不像现在的文胸，尤其更早期的抹胸可能很长，就是兼顾了胸部和肚子。这样看起来有些怪异，实际效果上则最为方便。古代的抹胸不需要中间打褶或做省，这些也是代入现代文胸思维后出现的迷思。

　　现在的古代服饰装扮里，内衣是经常被忽略的部分，因为实在是不如穿现代的内衣或以现代内衣方式伪装成古装的内衣穿着起来舒适。但内衣真的很重要。

　　有服饰史研究学者说过，中国的服装历史研究的难点就在于资料只记贵胄，很少能看到生活中平民的部分。幸好还有一些其他资料可供参考。在流传上颇有些禁忌的《金瓶梅》和古代春宫图，其所刻画的一些细节就会被用来做了解世情的窗口，比如春宫图中会表现一些我们从别处甚难获得的像亵衣这样的服饰信息。我们平常看到的人物都是穿戴整齐的，很难猜测他们究竟穿了多少层衣服，以及是怎样的层次顺序，尤其内衣是怎样的，而春宫图却能帮助我们了解这些。

　　今天，我们会根据外衣挑选内衣的颜色和款式，因为我们知道哪怕看不见，它依然在影响我们的整体形象。而内衣的发展也会影响外衣的模样。以旗袍为例，民国时期是无法拥有开衩到腰部的旗袍的，因为那时还没有三角内裤，所以露出来的不是大腿，而是裤袯或者衬裙。并且民国时期的旗袍，胸部像块平板，因为那时也没有调整型内衣，所以那时的人只能用自然曲线去追求前凸后翘。

第四章

妆扮风流

人在江湖，江湖又怎么会远呢？——武侠剧中的侠客服饰

腹中圣贤书，身上古人衣——儒生们常穿的深衣、道袍

双兔傍地走，安能辨我是雄雌——女扮男装，圆领袍的别样风情

古人宅家也"疯狂"——家居服的款式与风格

在想象与史实之间寻找旧梦——齐胸襦裙上飞舞的唐风

民族的，就是现代的——宋代服饰中的宋之韵

用现代工业打造古代的华贵——明代服饰中的细节

一 人在江湖，江湖又怎么会远呢？
——武侠剧中的侠客服饰

对 20 世纪 80 年代、90 年代出生的人来说，对古代服饰的第一印象可能来自当时荧幕上快意恩仇的侠客们。这些侠客的故事往往取自金庸、古龙、梁羽生、温瑞安等人的作品，尽管故事是新的，但内核的武侠精神却深植于传统文化。有意思的是，若细论何为侠，它在传统文化中原本又是具有反叛色彩的，千百年来在文人的渲染下，俨然成为尘世中朴素的正义化身。

武侠作品看似以古代为背景，实际上其中对古代政治、社会结构背离的世界观，造成了武侠人物服装造型的"悬浮感"。

武侠剧中的人物大概有三类。一类是十分有理想色彩的东方古典侠士，他们往往衣着简洁素雅，有着"武"之下"侠"的底色，本质上更似高人名士，而不是江湖草莽。这些人往往选择长衣素袍，虽不利于武打动作，但目的却在于塑造他们飘然若仙、超脱尘世的形象。

另一类是面目单一的脸谱化民间武士，他们一般短衣长裤，有护腕绑腿，看起来十分精练入世。他们的装扮虽接地气，可惜却是一张古往今来凡尘俗人的"平均脸"，衣着也显示了他们的精神世界较为现实，言谈举止的驱动原因也较为浅显。

此外，还有一类奇形怪状的奇人奇士，或出身古怪，或来自异域，这类人往往是基于作者的想象创作出来的，用一种虚幻的神秘感烘托气氛。这些角色的服装造型相比于前两类来说，更加天马行空，还会吸收一些古怪的设计元素。

△ 清代戏画《霸王庄》中的侠者黄天霸

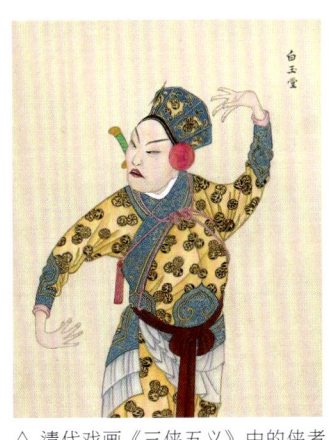

△ 清代戏画《三侠五义》中的侠者白玉堂

△ 清代戏画《三侠五义》中的侠者蒋平

以上这些人物的形象不一定写实，但很写意，看剧的人往往会将这些服装造型视作有所创新和改造的古代服饰，而不会特别相信它的历史真实性。现在的古风服饰也是这样，虽然不一定特别准确，但是依然能让人感受到其中沉淀的易于理解且乐于相信的古典风格。

如何才能在服装造型上更接近一个侠客呢？其实说起来也很容易，比如由于现在的武侠小说作者大多属于纯作家，本身并没有习武经验，因此笔下人物以书生形象居多。如果你不愿穿成一介武夫，又不愿扮作一个老道，那么将自己打扮成一介书生便差不多了。但书生形象就符合历史了吗？这个套娃般的问题又要被重复了，其实书生形象本身也是一种被演绎过的理想化的古典样貌。因此，这个问题的根本答案是，只要能将人们心中对于古代形象的想象、对古典东方的畅想总结出来，融会成能被自己以外的人理解、接受的服装造型，就足够了。但是，这要怎样做到呢？

二 腹中圣贤书，身上古人衣
——儒生们常穿的深衣、道袍

说起儒生，你最先想到的是什么样的形象？对于很多人来说，恐怕怎么也绕不开的是古装影视剧中书生的样子，比如20世纪80年代香港电影《倩女幽魂》里的宁采臣，电影的成功让后来模仿者无数。

上一节留了一个思考题：如何才能将人们心里对于古代形象的想象、对古典东方的畅想总结出来，融会成能被自己以外的人理解、接受并且喜爱的服装造型。这一节我们可以通过书生的形象来感受一下。

早期古装剧中的做法，其实就是参考戏曲扮相，比如1960年版的电影《倩女幽魂》中的聂小倩，从发型到着装就颇有戏曲新古装的特色。新古装的形象设计主要参考来源于明清时期仕女画形象固定以后的形象，这些形象本身就代表了一种符合民众期待的想象，而梅兰芳把这种想象通过新古装还原出来了。而同部电影中的宁采臣，头上戴的很像学士巾与方巾的结合体。虽然乍一看很像乌纱帽，但在戏曲里，会在学士巾的上半部分做出一些造型，这很可能是明代士人所戴唐巾的遗风。其实与其更加相似的，是越剧里的张生巾。

△ 清代戏衣

等到二十多年后的电影《倩女幽魂》，不仅故事做了改动，服装造型上也有了极大变化。当时的香港电影人对古装造型追求在光影视听上竭力创新，以摆脱原有的戏曲化色彩。尽管现在谈起古装剧的服装设计，考据是最常被人提起的一条评价标准，但去谈论早期的香港古装片是否符合考据就很难，因为此时的他们更多考虑的是艺术性和视觉性。只要能实现这个目的，中国风做得，日本风也做得，考据做得，创新也做得。比如，如果没有那些流动的光影，只看剧照的话，就会发现这部电影里的宁采臣几乎只是披了几块"破布"，这恐怕也是很多后来者"画龙画虎难画骨"的根本原因。造型越是规整，越是容易复制，但当它高度抽象化以后，反而让人无所适从。

古装书生们最常见的装束也深受戏曲影响，穿着交领褶子，换算到明代，就是道袍、直裰、直身这一类服饰。道袍之名乍听似乎是一种道士

尽管戏衣和道袍的款式相似，但明代服饰明显更为宽大

侧摆较深，不致露出里衣

△ 明代道袍

△ 明代暗条纹白罗道袍

服，但实际上是明代士庶男性的常用便服，明代中后期很是流行，材质从丝、麻、葛到棉都有，有单层的，也可以做成夹里的，可居家穿着，也可穿于礼服内。此外，明代的直身、直裰等也都与道袍外形相似，可以视作同类服饰。

　　经历了元代的将近一百年，明代在服饰上不仅留有前朝的印记，也做出了许多独到的尝试，道袍就是其中最为突出的一种。与看起来短了一截的曳撒不同，道袍恢复了长度到脚面的形制。曳撒是一种服饰款式，是元代服饰在明代的遗留，它看起来像是上下分裁的连衣裙，上半身交领窄袖，下半身打褶如裙，衣长短于传统中原服饰，可以露出靴子。

　　相比于更早的宋代的交领服饰，道袍在衣服两侧设计了内摆，即在开衩处增加面料，常常做成如折扇般打褶的形式，这样就保证了穿着时的活动便利性，同时又能避免露出裤子。宋代服饰的领子设计有圆领也有交领，由于宋代的衣服往往十分宽大，交领服饰又分成直接做成交领的样式与宽大对襟在穿着时交叠成交领的样式。交领是中原服饰较为常见的领式设计，但是具体款式各朝各代往往并不相同。明代的道袍也采用交领样式，而内摆的加入，让道袍看起来从腰部往下呈现微微的伞状膨胀，且不露出内衣内裤。道袍的领口通常缀有白色护领，在衣身不同颜色的衬托下显得十分突出，它可以起到保护衣领、方便换洗的作用。

　　道袍在明代中后期流行十分广泛，穿着之人上至皇帝、下至士庶，穿着用途外作外衣、内作衬袍，可谓人手必备、缺之不可。明代范濂在《云间据目抄》中说："春元必穿大红履。儒童年少者，必穿浅红道袍。上海生员，冬必服绒道袍，暑必用鬃巾绿伞。"明代小说《初刻拍案惊奇》里对道袍也有描写："头戴一顶前一片后一片的竹简巾儿，旁缝一对左一块右一块的蜜蜡金儿，身上穿一件细领大袖青绒道袍儿，脚下着一双低跟浅面红绫僧鞋儿。"从这些记载可以看出，道袍不但普遍流行，而且色彩艳丽，丝毫不逊于现在男子们的装扮。如果说圆领袍是官服的标志，道袍似乎就是书生的标志了，从电影《倩女幽魂》里的宁采臣、电视剧《新白娘子传奇》里的许仙、戏曲《梁祝》里的梁山伯与男装祝英台的身上，都可以看到儒雅俊俏的书生形象，源头其实都是明代道袍这一类服饰。

　　到了清代，汉人男子的衣冠几乎遭到了不可逆的断层，仅有少量服饰在戏曲中得以保存。我们在戏台上所见的交领长袍褶子，旧名即"道袍"，延续了曾在明代的流行爆款趋势。褶子至今依然是昆曲、京剧等在舞台上用途最广、装扮形式最多样的袍服，从帝王将相到平民百姓甚至妖魔鬼怪，皆可穿着。褶子相比于明代道袍，省去了内摆，直接做成衣身开衩的样式，还多了绣花装饰，显得十分花哨。而明代男子的道袍，除白色外，亦常见鹅黄、梅红、翠绿等服色，就色彩的丰富性来说，并不比舞台上的褶子逊色。在早期的古装剧里，除了表现穷苦书生的那部分服饰，其余大多色彩粉嫩、装饰柔美，并在领子、衣身上大量使用一些花草装饰。后来为了突显书生们的儒雅清俊，浅色、蓝色、褐色系变得多了起来，装饰也减到接近于无了。

道袍的影响力一直扩散到朝鲜半岛。李氏朝鲜（李朝）的男性贵族最常见的服饰也是道袍，至今我们依然可以从韩剧中得窥一二，后者相比于戏服，甚至保留了更多道袍的款式细节。由于明代灭亡后，李朝的国祚依然延续了数百年，故李朝服饰在明代服饰的基础上，生发出了自己的特点，但其主要特征依然延续了明代道袍。李朝的道袍有摆，只是进行了简化；袖子更方正，前襟更窄小，腰身更高，且有一对又宽又长的系带，而明代系带一般为两对，无任何装饰作用。可以说，道袍这种由中国传统审美创造的服饰，代表了一种服饰文化的生命力和影响力。

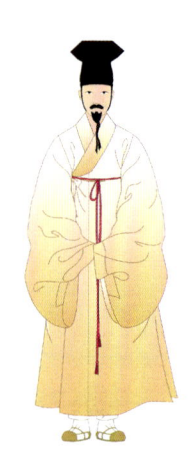

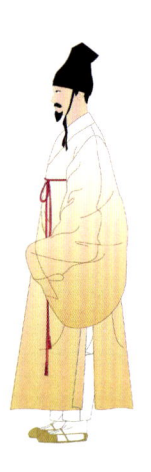

△ 李氏朝鲜的道袍

三、双兔傍地走，安能辨我是雄雌
——女扮男装，圆领袍的别样风情

着装是有性别属性的，这在很多人眼里是一种共识。但恰恰有很多我们现在习以为常的带有性别印记的服装，现在和历史上并不相同，比如高跟鞋和丝袜原本是男性穿着的。在有些人眼里，历史或者说传统意味着"刻板"，但如果现在的与历史上不同，复原历史似乎又成了对现在的一种反叛。对于打破性别的刻板印象而言，中国古代很早就有女性穿上了男装，其中最有名的就是唐代。

唐代女子爱穿男装，这是有大量考古资料可以佐证的。在壁画或陶俑中，这些女子身穿男子的圆领袍，头上或模仿男子扎系幞头，或依然保留女子发髻，有的还戴着装饰华丽的胡帽。其中不少男装女性是以侍女的形象出现在贵族墓葬里，可见在当时的风气中这并非一时的时髦，而是出现了专门这样穿着的侍女。尽管她们在装扮上会尽量模仿男子，但又往往保留着些许女性特征，或有女性妆容，或内搭女性惯常的条纹裤，这才使得现代人可以清楚地辨认出她们的本来面貌。

在很长的历史时期里，中国的男女之间有大防，这不仅体现在活动空间上，也体现在服装区别上，因此女性穿着男装往往被视作"破坏社会规则"。春秋时期，齐灵公很喜欢看宫女穿着男装的样子，于是齐国女性纷纷效仿，使得街上一眼望去皆是男装，难辨

△ 唐代武惠妃墓壁画中着男装的侍女　　△ 唐代新城公主墓壁画（局部）

圆领袍敞开领口的穿法

性别。齐灵公为此很是恼怒，下令官员们看到女性穿着男装就冲上去撕裂她们的衣物。即便在如此激烈的手段下，依然有女性不怕欺辱与难堪，照样穿着男装。这里就有明显的两个偏好：一是齐灵公喜欢看宫中女子穿着男装，这是他的个人趣味；二是当风气传到民间以后，带动了齐国女子们爱穿男装的偏好。而此时齐灵公感到不悦，因为这和他作为国君需要守卫的统治基础相违背。最终齐灵公在晏子的劝谏下，要求宫女也不穿着男装，才从源头上将此风气杜绝。

之所以女扮男装常见，而男扮女装稀奇，是因为在历史上男女性别是不平等的，古代的一些正常社会活动只有男性才可以参与，这就使得男装也代表了一定的权力和地位。太平公主就曾在唐高宗与武则天面前穿着男性官服，结合她的生平来看，这很可能是一次对权力渴望的外在表演。成书于宋代的《太平广记》里甚至还有一则将此渴望付诸行动的案例，说的是唐代郭子仪手下的遗孀扮作亡夫的弟弟恳求接替职位，结果她才能出色，竟然一路做到了御史大夫，郭子仪直到去世都不知道真相，女子最后辞职回乡，恢复女装，嫁人过起了平淡的生活，简直是一个已婚版的花木兰。对女性来说，只有社会风气达到了某种兼容开放的程度，才会包容她们在公开场合穿着男装，而不是像齐灵公那样仅仅当作一种玩赏。

唐代女子穿着的男装几乎都是圆领袍，而圆领袍在中国的服饰史中完全可以视作异服逆袭的典范，最后竟然还成了官服。在大约一千五百年前的北朝后期墓葬里，头扎幞头、身穿圆领袍、腰系蹀躞带、脚蹬长靿（yào）靴，壁画中的男子开始以这种装扮示人。尽管后来外形轮廓和装饰屡有变化，但这套组合搭配却几乎未曾变过。此时的圆领袍仍带着浓重的胡服色彩，衣袖也窄。依据北宋科学家沈括的解读，窄袖利于驰射，长靿则便于涉草。《旧唐书·舆服志》中记载："隋代帝王贵臣，多服黄文绫袍、乌纱帽、九环带、乌皮六合靴。百官常服，同于匹庶，皆着黄袍，出入殿省。"常服是一种主要在常朝时穿着的礼仪性服饰，圆领袍虽为胡服，但是在当时的民族融合背景下，特别是对融合了北方游牧民族血统的隋唐统治者来说，以之为常服，却是合适而又顺理成章的选择。描绘唐太宗接见吐蕃使者禄东赞的《步辇图》中，四个男人身份有别，却都是一身圆领袍的打扮。

△ 唐代张萱《虢国夫人游春图》中着男装的女子

从着装的性别认知来看,现代人更偏向认为女性喜欢飘逸轻柔的着装,而窄袖利于活动的圆领袍却是一种更具当时的男性气质的服装。在那样的时代背景下,女性抓住了这股潮流。陶俑、壁画乃至后世临摹的唐代画作上,都可以看到大量英姿飒爽的女子形象,她们身上的圆领袍,款式与男子的一般无二。对于备受束缚的古代女性来说,这或许是一种宣扬个性的另类招数。而对于研究者来说,这又是性别、阶级平等化的一个象征。无论如何,当潮流如洪水般漫过之后,后世命妇及后妃的礼服也主要由圆领袍构成了。

女扮男装对现在的人来说很容易,因为进入 20 世纪以后,现代服装的发展演变过程中,始终有一股力量是渴望抹除性别差异的。比如 20 世纪 20 年代著名的设计师香奈儿就设计过一系列直线条女装,并获得成功。她虽然不是最早让西方女性穿着裤子的人,但可能是最有名的一个。但就像张爱玲在《更衣记》里说的那样,这种性别平等的过程其实也是女性排斥女性化的过程,为此西方的女性穿上了裤子,而东方的女性则穿上了袍服长衫。后来长衫成了旗袍的发展源头之一,并作为旗袍的另一个名字至今在广东地区保留。

就像社会风气常会轮换一样,到了北宋,宽衣大袖之风又在礼服界强势回潮,圆领袍被裹挟其中,除保留了搭配组合和领型之外,已经很难看出胡服的印记了。再往后,明代文武官员服饰的规定又承袭于宋代,进而发展出用不同鸟兽代表不同等级的补服,且无一例外采用了圆领袍的形式。尽管这并非等级最高的礼服,却是当时使用频次最高的礼服,于是圆领袍成为中国古代官服最重要的标志性服饰之一。它一路向东,一直影响到日本。日本公家服饰里有许多以圆领袍为基础的款式,比如天皇的便服直衣。只不过日本的圆领袍类服饰的轮廓更为平直生硬,视觉上也显得较为膨胀。这些处于不同时代、不同地区的人们,对圆领袍进行了重新设计改造,将其打造成自己理想中的样式。

但历史永远记住了唐代女性穿着男装的形象,就如同记住了她们背后的那个时代。而唐代女性也为圆领袍注入了属于她们的亮色——不论是绚丽浓艳的襟边装饰,还是形状独特的胡帽;不论是娇媚的面靥红唇,还是俏丽的云鬟发髻——都是圆领袍在男子身上看不到的形象。历史只有一个走向,但它在某个时刻里却有过很多可能性,男子服饰的千般面貌也只有打破社会对性别的禁锢后,才能让我们看到。

△ 唐代壁画中的胡服美人图

四 古人宅家也"疯狂"
——家居服的款式与风格

有很多年轻人向往过古代贵族的休闲生活，无他，因为看起来极尽风雅又泰然自若。

那么古人的休闲生活是怎样的呢？《诗经·小雅》中这样写道："或燕燕居息，或尽瘁事国；或息偃在床，或不已于行。"意思是说，有的人安闲地在家歇着，有的人在为国家鞠躬尽瘁，有的人躺在床上，有的人却忙碌不停。尽管原诗是有讽刺意味的，但不妨碍从中引出一个词语——燕居。一样是在家闲着发呆，是不是古人发明的这个词听起来就文雅不少？不过燕居跟现代人印象中的家居休闲还是不同的，因为在古代，只有贵族士大夫闲下来才能用"燕居"这个词，就像郑玄注解中所说的那样："退朝而处曰'燕居'。"

实际上"燕居"听起来这么闲适安逸的一个词，真正做起来也是很累人的，因为燕居的人脱不开时代的枷锁和当时礼制的束缚。

这话说来就长了。最早的燕居可能是真的闲居，《论语·述而》里就说孔子"子之燕居，申申如也，夭夭如也"，状态是舒适整洁又比较悠闲的。到了《史记·万石张叔列传》里，措辞虽然相似，但又多了一些东西："子孙胜冠者在侧，虽燕居

△ 清代焦秉贞《孔子圣迹图》（局部）

必冠，申申如也。"就是说万石君这个人，只要有已经成年可以戴冠的子孙在边上，即便自己闲居在家也要戴冠，很是整齐严肃。拿古人造型中标志性的束发来说，他们对头上的巾冠帽是非常重视的，不会像现在古装剧里的人那样裸着发髻、披散头发或者只是随便套个金属圈就完事儿了。可见，这些古代贵族即便在家闲着，其穿戴也比古装剧里的人隆重得多，而这种隆重程度是随着阶层往上递增的。

唐代孔颖达在《礼记正义》中说天子的燕居服是玄端，又说诸侯用它作为祭服，那么燕居服应该属于礼服。对于身为帝王后妃这样阶层的人来说，燕居看似与公事无关，其实只是另一种形式的公事罢了。以燕居服充当某种意义上的礼服，并且有明确的礼制规范，现代人听起来很不可思议，但在古代是很常见的。比如，明代皇后在燕居时穿常服，其实就是凤冠、霞帔、大衫的组合，不用看，光听就已经感觉又繁复又隆重。这里要提到一个用词上的注意点，很多人会将日常的衣服说成是常服，而这在古代服饰的语境下是需要避免的，因为古代礼制繁复，且礼制场合也分很多类型。有一些较为正式但又不那么重大的场合所穿的服饰，在现代人看来也可以算是一种礼服，只是较为平常的礼服。比如我们常常看到戏曲和影视剧中官员头戴乌纱帽、

△ 清代宫廷画师《（乾隆帝）薰风琴韵图》（局部）

身穿圆领补服，那其实就是明代的官员常服。随便将常服一词当作便服使用，显然是有问题的，从这个小小的词汇里也可以看出古今生活的巨大差异。

　　古代贵族要参与的礼仪场合实在是太多了，皇帝一天换几次衣服以符合不同的场合需求是很正常的，否则清代也不会有《穿戴档》这种记录档案了。《穿戴档》是一种很独特的档案，始于清乾隆年间，由太监来记录皇帝每日的穿戴，包括穿着服饰的名称、方式、时间、场合等。因此古代贵族有时候摆出来看似燕居的状态，其实不过是另一种形式的礼仪场合。

　　按照历史溯源，早期的燕居应该是没有那么僵化的，但是后来就发展成了这个样子。明嘉靖皇帝自己设计了燕居服，又是取材于

△ 明代容像中的忠静冠服

古代的玄端，又要彰显皇家的权威，还得处处有寓意。这里既有身为天子任性的一面，也有对礼制服饰热忱的一面。他不仅修改了自己皇帝的燕居服，对其他贵胄的燕居服也进行了设计。比如他给官员设计的燕居服是忠静冠服，还做成文件下发。由此可见，燕居服应当是官员们平时交际来往时穿着的，如果只是单纯的家庭睡衣或休闲服，皇帝大概也不至于热心到这种程度。

　　忠静冠服在没见过的人看来，其实有点不伦不类。它有补子，有点像是我们一般理解的官服，但又是交领、宽袖配大带，头上戴的也没有官帽那么威严，看起来更像是一般文士的衣服被额外加了补子。不过明代的士大夫们还是挺喜欢它的，觉得很有古代名士那种峨冠博带的感觉。文人大多有一些摹古情结，他们燕居状态下都竭力搞成古人的样子，至少他们给自己绘制的形象是这样的。但这个"古人"并非经过考证的真实的古人，而是他们想象中的古人。

　　这套服饰在民间发展出不少变化，穿着的人阶层越向下，燕居服离礼制就越远。阶层不高但又不至于疲于奔波的文人们，在燕居这件事上主要就是搞文化了。我们常说到的一些文人雅趣的事儿，比如品茗、赏花、弄香、抚琴、博古等，大多是他们在燕居的时候搞出来的。燕居的状态看似独处，其实很难维持孤立性，而是天然带着交际性，它离真实的生活更远一些，更像是士人文化的副产品。燕居的状态最终对燕居服也产生了影响，虽然燕居时的状态和服饰看上去很美，但感觉怪累的。

△ 清代王翚《山村访友图轴》（局部）

△ 明代仇英《园居图》（局部）

△ 清代陈枚《月曼清游图之围炉博古》（局部）　　△ 清代佚名《雍正十二美人图之博古幽思》（局部）

那么，有没有适合我们的带有古风又不那么烦琐的家居服呢？还是有的，比如中衣就可以作为家居服穿着。前文讲过，中衣一般指白色交领短上衣。而中裤有两种：一种是普通的裤子，裤腰使用抽绳；一种是仿明代定陵文物的款式，穿起来没有带抽绳的方便，常见面料为棉质。中衣、中裤原本是作为古人内搭的衣物，将其改成家居服，倒是符合上面提到的现代人的要求。不过它的优缺点都比较明显：优点是一般使用系带，对穿着者的体型要求比较宽松，且无扣，穿着比较舒适；缺点是交领系带对普通人而言还是比较烦琐的，常见的白色对一些人来说也有些忌讳。

这里不得不提一个至今仍有部分地区采用的有异曲同工之妙的无领和尚衣，专为新生儿穿着而制作。它与中衣十分相似（有的会做成连体式），前襟交叠而无领（因为婴儿的脖子比较短且皮肤细嫩，领子容易造成刮擦），其他如系带、连袖的设计也都十分适合快速成长的婴儿。现代服饰大多是无领或低领的，领口也往往做得较大，因为很多人并不喜欢脖子的束缚感。若以中衣为蓝本设计古风家居服，可以适当调整领部设计，大大提高舒适性。古风为设计文化提供了土壤，但服饰，尤其非礼仪性的服饰，终究要从穿着者的真实感受出发进行考量。

五 在想象与史实之间寻找旧梦
——齐胸襦裙上飞舞的唐风

说到大唐女性的经典形象,很多人都会想起唐代背景的影视剧里那种裙腰很高的衣服,但在真实的历史里它却连存在过的证据都不一定确凿。如果以古画为依据,其实会有准确性的问题,很多人没有意识到,真正唐代的画作流传至今的少之又少,常见的主要是宋摹本。而如果参看唐代的陶俑和壁画,就会发现唐代历史漫长,不同时期的裙腰高度是不一样的,至少要到唐玄宗开元年间才到这样的高度。画像和陶俑永远只能辅助我们去认知形象(尤其是最后外在的穿着形象),但是只凭它所给出的信息量,是永远做不出一套衣服的。对于这种裙装,很多人制作、穿着以后都产生了它似乎不怎么实用的疑惑:怎么穿才能不让裙子往下掉?由此进一步引发了一个问题:如果它真是曾经存在过的服饰,为什么穿着起来,活动时会如此不方便呢?

△ 唐代张萱《捣练图》及其局部

我们必须承认这种裙装在影视剧及其他影像中的成功。比如《大明宫词》不见得是齐胸襦裙的发明者，但必然是一个极大的改良者和推动者，里面采用的对襟无领（没有衣缘）、窄袖、薄纱、装饰裙头、搭配披帛等设计思路，至今在古风服饰里仍然沿用。经过多年的设计演变，它和古画上的形象又遥远了一些，装饰又华丽了许多，装饰部分集中在胸部以上靠近面部的地方，使得它对摄影取景提供了很大的便利性。这或许是它成功流行的十分重要的原因，于是尽管它有着诸多争议，但依然受到热捧。

古风服饰不等于古代服饰，它只需要从古代服饰中吸收到想要的元素即可，这个过程类似于构建。我们这里主要关注这种服饰被创造出来以后，该如何解决它的实用性。这里可以参照与它很相似的现代韩服的解决方法，就是加背带。之所以要强调现代韩服，是因为朝鲜半岛的服饰发展也有它自己的过程。我们现在所看到的上衣极短、裙子蓬大，是现代韩服的特点，它出现的时间并不长，像我国的朝鲜族和朝鲜半岛北部的服饰都不是这样的。韩服的衬裙大约在19世纪末20世纪初发展出了背带式，而且它的真实高度也要略低于荧幕上的唐风裙装，是系在裹胸上的，而非腋下。

△ 韩服裙子　　　　　　　　　　△ 背心式韩服衬裙

给裙子加背带的方式并不是偶然的，清代的朝裙也是往背心式的方向去发展。从故宫博物院的藏品看，康熙时期还在采用半裙式的朝裙，到雍正时期已经添加了无袖小上衣，看起来如同连衣裙。虽然制作麻烦了、用料多了，但穿着却更方便了。这里还不得不提醒一下，和荧幕上的清宫剧服饰不同的是，清代旗人女子其实是不怎么穿裙子的，除了朝裙，而朝裙是具有一定身份地位的女性在特定礼仪场合下才会穿着的。这就像我们已经穿习惯了现代服装，再去穿古风服饰的时候，即便它很努力地按现代人的习惯来设计，但很多人依然会觉得有些麻烦和不便。

△ 清代康熙时期的朝裙

△ 清代雍正时期的朝裙

除了背带，很多现代服饰的配件在韩服里也可以看到，比如魔术贴、拉链、加钩等。有些人虽然穿着现在改良了的古风服饰，但又抱着一种复原古代服饰的心态，觉得这些都不应该加上去。但只要对服饰史的进程稍加了解一下，就会发现这种改动其实很平常。一般来说，这些改动往往是有时代目的和功能目的的，前者如日本女裤，是当时日本女学生走上社会舞台在服饰上的体现；后者如韩服背带、拉链等，是时代发展后生活方式改变、生产技术进步的产物。唐代的这种裙装做成童装以后，常常会将本来上下分离的衣裙缝合在一起，变成类似假两件的样式，也无须大惊小怪。民国旗袍在未定型时就有一种将袄裙与长马甲缝合的假两件，而且这种结合方式还影响了后期旗袍的设计。可以说，服饰从来不是一成不变的，它本身就是一种变化中的客观事实。无论是改动还是改良，都是针对未来的，而复原则是针对历史的。既然是针对历史的，那就只有唯一的客观答案，这才是不容许篡改和扭曲的。

△ 穿背带裙的唐俑 　　　　△ 辽代背带裙

　　由于古装剧讲述的是很久远的故事，因此自带一种时间的距离感，就观众的印象来说，也需要这种距离感。但这种距离感如何营造呢？像《大秦帝国》《汉武大帝》的时代背景，可以使用饱和度较低的颜色，但是人们是不会想象唐代也是那个样子的，大唐必须是华丽的。人们可以接受稀奇古怪的大唐，但是不会接受暗沉的大唐，因此设计师往往使用较为鲜亮的色彩。

　　很多古装剧的造型参考了据说是唐代周昉所画的《簪花仕女图》，但其真正的产生年代仍然是谜，学者多有争论，有说五代的，也有说宋代的，但说盛唐的几乎没有。想象中盛唐应该很华丽，事实上从衣服的视觉效果来看，最为富贵奢华的时代应是晚唐到五代这一时期。这一潜意识里与真实历史的认知偏差，也导致了现在很多人复原的唐代礼服其实并不那么唐风。就拿中晚唐来说，唐初的胡风影响已经渐渐消散，盛唐时期渐渐加宽的裙衫此时已经成了竞相追逐的风尚。白居易就有诗句形容"广裁衫袖长制裙"，可见当时服饰之奢靡成风。延安公主就曾因着装问题多次惹怒唐文宗，此时的社会风气已经不是女子穿男装的那会儿了，她在灯会时因为服装过分宽大夸张而被训斥，还连累了驸马一并被罚。唐文宗想要刹住这股奢侈的风气，

从一大堆未能成功的禁令反而可以推论得知,当时的服饰流行风尚必然是长衣拖地、广袖宽裙、高髻奇妆。可以说,晚唐时期,着装奢华的妇人形象比比皆是,这股风气在唐代灭亡至五代时期依然十分盛行。敦煌壁画上宋代的女性供养人依然穿着我们眼里很唐风的华服,殊不知这其中已经至少隔了一个乱世。

◁ 唐代周昉《簪花仕女图》(局部)

六 民族的，就是现代的
——宋代服饰中的宋之韵

对于许多热爱古风服饰的人来说，如何平衡古与今的关系似乎是一个永恒的难题。毕竟现在从群体阶层、社会节奏到生活起居都改变了许多，古代服饰怎么穿都显得有些格格不入。在快节奏的当下，专门辟出时间与空间以类似"穿越"的故事来穿着古代服饰，似乎又显得流于表面。那么这份喜爱该如何安放呢？如果将古代服饰比作浩瀚的国风素材库，那么宋代服饰里一款对襟窄袖的衣服可能是当之无愧最具现代感的，即便不加改动直接拿来穿着也显得很日常，反而在一众古代服装里显得有些另类。

这款宋代服饰一般被称作"褙子"，亦可写作"背子"，它在古装剧里表现得并不多，却是最具宋代特色的服装款式。经过唐代服饰对异域风格的吸收融合，宋代的美学取向趋于清雅淡泊，服饰简洁细腻，更追求细节上的变化，

△ 泸县宋代石刻　　　　　　△ 宋代石室墓石刻

无形中与现代服饰有了某种默契。南宋刘宗古所画的《瑶台步月图》里，对这种宋式女装有着极为生动的描绘。画面中共有五个女子，服饰款式相类似，皆为对襟窄袖、两侧开衩的褙子，但细微处又做了区分：居中的女子是其中地位最高者，她的褙子周身都装饰了衣缘；在她两侧的女子则只装饰了领缘，但与更外侧的两个侍女相比，她们头戴与居中女子一样的冠子，腰间也没有扎束，应该是身份较高。这

△ 南宋刘宗古《瑶台步月图》

种不分尊卑同穿一种款式的场景在萧照的《瑞应图》中也有表现：显仁皇后在一众女眷的簇拥下，并不像古装剧那样突出后宫嫔妃的华贵，而是头戴冠子、身穿褙子，显得素净典雅。

褙子之所以显得较有现代感，和它与一般古代服饰的闭合系统不同有关。任何一种服饰要做到遮羞、保暖，都依赖其闭合系统，而褙子这种对襟款式在古代非常少见的原因，就在于古人的服饰闭合系统并不完全。他们常用的方式是使用系带或外加腰带，与现代服饰常用的钮扣、拉链的功能性相去甚远。为了让服装闭合完全，古人只能将衣襟重叠以达到加强闭合的目的，常见的斜襟、大襟、偏襟都属于这类解决方式。而褙子的开襟舍去了闭合，或者只采用纽襻，而弥补开襟的则是宋代女装里的抹胸、裹肚这种看起来似乎更像内衣的服饰配件。开襟外套加抹胸内搭，怎么看都很像现代夏日街头女生的常见装束。

除了这些，宋代的褙子还偏好与裤子搭配，简直活脱脱就是当代白领的最佳通勤装扮。中国古代女装一直是有裤子的，和现在的区别在于，那时的裤子是穿在裙子之下，更像如今的内裤或安全裤。唐代女性穿着男装的时候就偏爱搭配条纹裤子，后来裤子逐渐外露，而不是单纯地被遮掩。到了宋代，女裤进一步外露，在上面提到的《瑶台步月图》《瑞应图》中，女性褙子下搭配的基本都是裤子。在绘于南宋的《杂剧打花鼓图》里，裤子被描绘得更为明确。这样的搭配使得宋代女性的形象显得纤细修长、婉约秀丽，很符合现代女性所追求的美感。

宋代女裤的设计也别有巧思，从南宋黄昇墓出土的裤子能看出有多种样式，最值得一提的是一种有裆却两侧开衩打褶的裤子。李嵩的《骷髅幻戏图》中对于这种裤子有十分生动的描绘，裤子的侧褶会因人穿着而散开，形成如同裙装的自然灵动感，而开衩处露出的不仅有另一条裤子，还有其他衣服，朦胧又有层次感。宋人还喜欢在裤子外面罩以短裙围裳，有的不足以围系一周，搭配效果利落大方。

△ 元代程棨《蚕织图》中的裤装

这样一套装扮下来的宋代女性，完全可以撕掉世人给她们贴上的"保守"标签，如果以露出皮肤的多少、显露身材曲线的程度来衡量时代风尚的话，那么宋代女装更胜唐代女装。而且宋代服饰常用纱罗等轻盈薄透的面料，唐代服饰则更常用锦绫这类厚重复杂的面料。可惜社会学并没有如此简单粗暴，尽管服饰可以反映一些风尚，但它无法代表整体，还需要结合其他史料综合分析，不过宋代女装至少可以摆脱世人一直以来对它们的误解。

宋代男性也穿褙子，但有趣的是，与女性窄袖瘦削的褙子不同，宋代男性的褙子十分宽大，不仅袖子大，衣身也大，悬于博物馆展柜中，仿佛一面墙。男性褙子的审美取向中有一项重大的影响因素，就是拟古。虽然这个"古"和现在古风服饰的"古"相似，都是在一定的考据基础上发挥当时人们的美好想象，但颇中宋人重文抑武的下怀。北宋建立之初，宋代帝王就将黄色褙子作为自己的专属着装。如果对比一下唐、宋、明三个朝代的皇帝着装，就会发现他们虽然都穿着圆领袍，但圆领袍的样式各有不同，而且领口露出的内搭服装也不同。唐代皇帝的圆领袍如唐代阎立本《步辇图》里所绘，圆领之下是没有露出任何内搭的；宋代皇帝在红袍下搭配黄衣，黄衣领口较大；而明代皇帝的圆领袍内搭则明显可以看出是一件交领服饰。这其中的区别就在于，宋代圆领袍下常常搭配的是褙子，而褙子是对襟的，即便可以穿成交叠的状态，

△ 南宋佚名《杂剧打花鼓图》（局部）

也不会像明代那么明显。南宋周季常、林庭珪所绘的佛画《五百罗汉》里，有两位身穿襕衫的老者表现得更为明显，不了解的人会觉得老者穿着不羁，内搭衣衫没有整理妥当，殊不知这便是宋代服饰本身的特点。

　　这种拟古又向往脱离尘世低级趣味的风气，在赵佶的《听琴图》里表现得更为明显。听琴的两人身穿圆领袍、头戴幞头，一身世俗装扮，抚琴的人穿着当时的道教鹤氅，一派超凡脱俗的气度。鹤氅虽然与褙子有所区别，但它们的廓形很相似，由此可以窥见宋代男性的精神追求。宋代男女装束以现代的眼光来看，仿佛走在两个背道而驰的方向，但它们呈现出来的宋式美学却是相似的迷人。

七　用现代工业打造古代的华贵
—— 明代服饰中的细节

要说这几年最热门的古风服饰，莫过于明代服饰了。明代服饰一改宋代的清雅，经过元代之后变得有些粗糙，但更多的是大方与具有现代感。为什么说它具有现代感呢？因为我们现在熟悉的很多中国风服饰元素，几乎都可以追溯到明代。

说起清代以前的服装，一般人对其结构的印象大概就是衣襟交叠成小写字母 y 的样子，至于立领，应该是清宫剧才可以涉猎的范围。有关立领的事情，前文已经讲述过。不过值得一提的是，我们在影视剧里见惯了的立领服饰其实并不应该如此频繁地出现在皇宫里，而是应该发生在民间。真正的旗装要么无领、要么缀领，故宫博物院所藏的清宫服饰大多是无领的，直到清末，满汉服饰之间的界限才开始混淆。

另一个我们误认为是清代专属物而实际上与明代关系更大的是纽扣。被认为是最早的有纽襻（扣住纽扣的套）的服饰来自金代的齐国王墓（卒于 1162 年），这件衣服上既有纽襻又有系带。这个案例也足以说明，纽襻和系带之间不存在你死我活的排他性，使用与否完全出于实用性的考虑。打个比方，系带与纽襻之间就像立领和交领的关系，并不存在不可跨越的鸿沟，而是稍加变化就足以让它从系带向纽襻转变。比如将系带对折成一个扣环，中间附加别棍，就能形成一个简单的闭合系统。这样做究竟算系带还是算纽扣，还有待讨论，但实物证据在秦陵兵马俑上大量存在。

△ 秦陵兵马俑上的纽襻

从这个角度再去看纽扣，不过是将另一头打成纽扣结，或者将短棍换成金属、玉石之类的材料，它们的闭合逻辑出奇地相似。由于这种方法可以将作为纽脚的编织物和纽头的硬质材料快速分离开来，因此民间广泛采用，称作"套扣"。套扣可以方便地更换，还可以选择一些比较贵重精美的材料，对于衣服来说，也比较方便清洗。

有人期望从一粒小小的纽扣去判断时代、民族的差异，这就有些过分理想化了，不过大概的区别还是有的。这种日常使用的部位，第一考量肯定是便捷性，而纽扣本身不堪过重的负担。明代有大量金属子母扣，这是清代所罕见的。比如缀在立领处的金属扣只有两三厘米长，十分精巧，并且还可以做出有诸多美好寓意的样式，比如蝶恋花、蜂赶菊、福寿、多子等。有的在披风处还会使用玉花扣，别有一番古朴雅趣。

△ 明定陵出土的子母扣

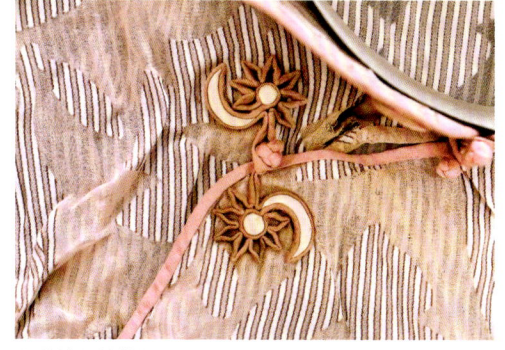

△ 旗袍上的花扣

此外，现在古装剧里动不动就会给角色加一件外套，似乎这样就显得隆重而正式，这个设定大概来自披风。这可能是由披风的"升级"导致的，在明代还算时髦装束的披风，到了清代终于有了登上礼服等级的机会。其实披风是一个范围很大的名词，不仅男女都有、明清都有，而且形式也有很多种。很多人会将它与斗篷混淆，这里用一句话概括就是：斗篷无袖，披风有袖（可以把披风理解为一件正常的衣服）。

△ 明代容像　　　　　　　　　　△ 清雍正谦妃像

在明代，无论男性还是女性的披风，都是休闲服罢了。但是由于披风一直延续到清代，因此大家就把它在清代的地位套用到明代。尤其这种款式一直到现在的戏服里都还有，要知道，服饰一旦进入戏曲，就会落下许多程式化的痕迹。由于后来披风礼服化的印记太重，而我们又总是不求甚解，才造成了现在仿明代披风被当作礼服使用的情况。

除了这些中国风元素，让明代服饰的华贵深入人心的还有织金。织物加金线，都可以叫"织金"，但是根据地部组织不同，可以分为织金缎、织金绢等。这里的金线不限于金或金属，而是比较宽泛。金线的确可以简单地分作捻金（圆金）和片金（平金）两种，但它们都不是只有金，而是另外有依附物的，因此实际上分类还可以更细。值得留意的是，织金并非中原地区人们的传统喜好。

片金线在织造过程中可能发生拧转从而影响效果

△ 石青小团龙织金缎（捻金）　　　　　　　　△ 大红小团龙片金缎

中国织金锦的初起和繁盛同西域国家和游牧民族密切相关。隋唐时期是西亚织金锦进入汉地和中国自制织金锦的初始期，辽宋金时期是中国织金锦的发展期。到了元代，中国的织金锦进入鼎盛期，并成为最尊贵、最华丽的织物，官作坊大事织造，民间也群起仿效，盛极一时。元代以后，织金锦的这一盛况就消失了。简要追溯中国织金锦的历史，是要说明其中的两个联系：一是中原同西域的联系，二是中原同游牧民族的联系。文献和实物都证明，游牧民族对贵金属和富丽之物有着特殊的偏爱。

织金这个词很容易和织锦混淆。织金是一个相当复杂的大类，除了织金锦，还有织金绢、织金缎、织金绫等。从织物组织构成的角度出发，我们把双插合形成的重组织称为织锦，即同时有两组或两组以上的经线和纬线交织所形成的重组织。如果织物加金，但是不符合上述描述，就只能算作织金绢、织金缎、织金绫。对于这一细节，现在的古风服饰制作往往不会细究，甚至还会出现混淆的情况。

其实，"四大名锦（云锦、蜀锦、壮锦、宋锦）"里，便有不符合锦的定义的，虽然叫锦，实际上并不属于锦类织物。也就是说，锦的概念被扩大了，人们会把很多好看的彩色织物叫作"锦"，而不是从织物结构出发。就好比我们管丝织物叫"绸缎"，实际上它可能既不属于绸也不属于缎，只是大家叫顺口了。织锦缎是一种近代才发展出来的特色纺织物，历史也就不到一百年，和织金缎虽然只有一字之差，但是各方面区别都挺大的，而且它也不属于锦类织物。还有宋锦，其实是模仿宋代图案而用明清工艺制造的仿古织锦，只能叫"宋式锦"或"仿宋锦"。

得益于现代纺织工业的发达，除了个别的织物类型，我们如今用低廉的价格和很短的工期便能获得古代贵族才可以拥有的织金面料。即便个别无法机械化生产的织物，也能用其他方式进行仿制。很多古风服饰之所以能够兴起，现代工业功不可没。因此，古风与现代文明从来就不是对立的，反而更要感谢现在这个时代，使得我们可以获取古代贵族才可以享用的一切。

第五章

材质风物

传统织物——那些你认识或不认识的丝织品

进口面料——《红楼梦》里的『外国月亮』

传统印染——色彩,来之不易

现代材质——纤维和针织的故事

一 传统织物
——那些你认识或不认识的丝织品

中国的英文名称是"China（瓷器）"，而早在公元前5世纪，中国丝绸就远播海外，那时中国的外语名称是"Seres（丝国）"。中国丝织品的历史几乎与中国的文明史一样长，它们不仅有绚烂迷人的文艺气质，更有严谨科学的理工色彩。

我们惯用"绫罗绸缎"来形容那些光鲜奢华的丝织品，而对这四个字反而不求甚解，其实它们每个都不简单。

在这里，除了简要介绍一下各种名称所代表的具体织物，也简单介绍一下一些容易混淆的概念。

△ 清代郎世宁等《亲蚕图》（局部）

△ 敦煌莫高窟壁画中的"传丝公主"

图解传统服饰搭配

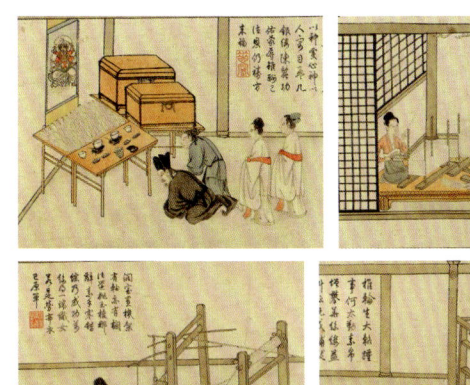

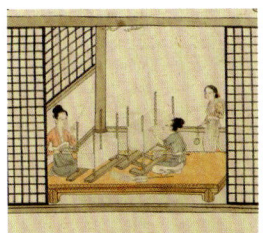

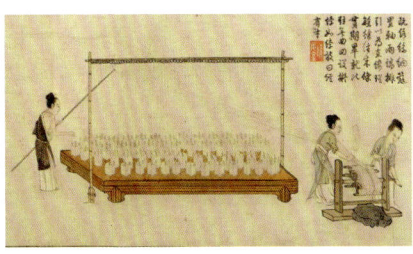

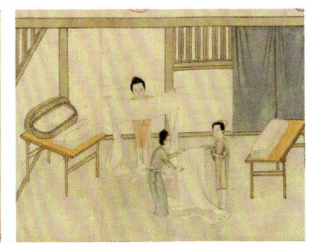

◁△ 元代程棨《蚕织图》（局部）

●绫

　　检索绫的定义，百度百科会告诉你那是一种斜纹织物，然而历史上其实是有平纹提花的绫的。比如新疆阿斯塔纳就出土过黄地联珠龙纹绫，日本正仓院也有一件平地绫。

　　绫令人眼花缭乱之处在于，我们所熟悉的三原组织（平纹、斜纹、缎纹）的织物在不同的历史阶段都曾包含在这个名称里。

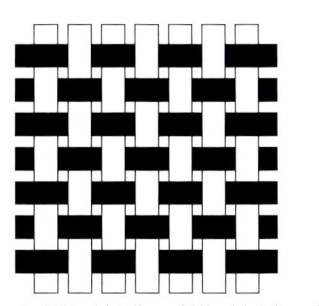

△ 平纹（左图）、斜纹（中图）、缎纹（右图）的结构

　　尽管现在的绫使用范围很小，大约只用于书画装裱，然而在唐代，绫一度非常兴盛。文献中提到的各种绫纷纷以产地、纹样、工艺命名，叫法五花八门，但总体来说，都是先织后染。未染色的绫有"地铺白烟花簇雪"的效果，会因反光而呈现出不同的花纹效果。唐代官员服装也以绫为面料，可见当时绫的高贵。宋元时期，绫依然常见，那时形成了以斜纹为主的织物。到了明清时期，人们更喜欢光洁致密的缎，甚至用缎纹织造绫，绫的地位才渐渐下降。

●罗

罗不仅是字很奇怪，因为不是"纟"部（当然，繁体字中是有的），而且现在我们周围几乎没有它存在的痕迹，甚至很难举出与它相类似的织物。

如果说除了针织，我们对梭织的理解就是经线互相平行然后和纬线交织的话，那么罗就是那个异类，因为它是很多人听都没听过的绞经织物。简单来说，就是每两根及以上的经线为一组，相绞，再与纬线交织，这就是罗。

△ 四经绞罗　　△ 四经绞罗表面显示的图案是下层面料的　　△ 四经绞罗结构

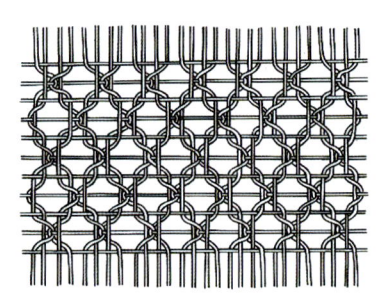

罗很古老，河南荥阳新石器时期的遗址里就发现了公元前 3500 年左右的绞经织物，后来无论先秦还是西汉、南宋还是明代，甚至在清宫旧藏里都有罗的存在。绞经令它拥有稳定而细密的空隙，因此古人才说"薄罗衫子透肌肤"，一语道出罗的特色。

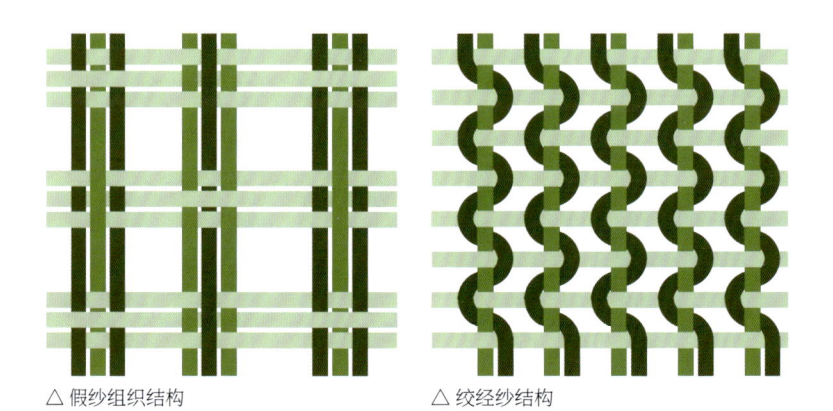

△ 假纱组织结构　　△ 绞经纱结构

●纱

我们现在所接触的纱多为平纹而有孔眼的织物，其实有一种简单的绞经织物也被称为纱，它与平纹纱的外观相似，但是孔眼结构更为稳定，可以织绣花纹，制成夏衣，清凉舒适。

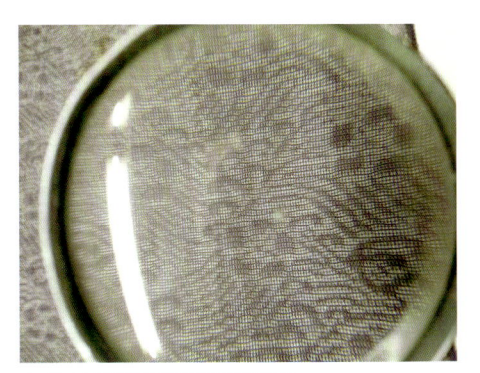

△ 假纱组织　　　　　　　　　　△ 放大可以看到假纱组织的结构

● **绸**

绸这个字古时候写作"䌷",意为"大丝缯也",这个"缯"就是"帛"。帛是早期对普通丝织物的总称,因此中国丝绸博物馆的 LOGO 也是一个"帛"字,后来䌷成了普通丝织品的通称。可以说,绸一直享受着作为丝织品统称的待遇,以至于今天的我们仍然用"丝绸"去称呼丝织品。

明清时期出现了许多表示特定丝织品的绸,尤其是明代,出现了许多冠以地名的品种,比如宁绸,质地紧密,花地分明;又如潞绸,质地细腻,花纹清秀。此外还有清代的春绸,轻细软薄,常用来上贡。而茧绸则是用野蚕茧织成的,浑身都是疙瘩,显得较为粗犷。这些织物虽都有绸之名,实际却大相径庭。

△ 鎏金铜蚕

● **缎**

缎大概是织物里最年轻的,年轻到许多古装剧里根本不可能出现它,就目前来说,没有早于宋代的缎织物。然而缎横空出世后便风靡于世,我们可以看到缎在明清时期被大量使用,甚至成为高级丝织品的代名词。缎的特点是浮线很长,因此看起来光洁而厚实。

△ 清代明黄色四合如意云纹库缎

可以说，素织的缎已经贵气逼人了，而明清时期织造工艺成熟，织金、织银、织孔雀羽，甚至彩织妆花等，让缎拥有了前辈们所没有的缤纷多姿。哪怕如今的化学纤维多种多样，人们仍忘不了缎所带来的丝滑触感，于是"缎面"一词几乎可以代替"奢华"。

● 纨

"纨绔子弟"中的"纨"是一种平纹而光泽较为细密的轻软丝织品。古人对丝织品的定义与我们不太一样，他们是相对感性的，而我们如今则是动辄用显微镜进行面料分析，因此不少平纹类丝织品在考古报告里便被写作了"绢"。《汉书》曾说齐地之俗弥侈，能织作一种叫"冰纨"的丝织物，色白如冰，平滑如纸，几乎看不出织纹。这种织物就缫纺来说技术难度很大，因此被奉为当时的奢侈品。

而"纨绔子弟"的"绔"也就是古时候的裤子。那时，可以穿着纨绔的人非富即贵，这样的人自然衣食无忧，所以杜甫才说"纨绔不饿死"。

● 绮

如果说纨是素织的平纹织物，那么平纹上经线浮花的提花织物就是绮了。早在《战国策》里，绮就是丝织品的代名词，后来绮、罗并称，便成了高档丝织品的代名词。北宋柳永曾如此形容钱塘（今浙江杭州）的富庶："户盈罗绮竞豪奢"。

若按古人提及绮的频率来说，大约最流行绮的年代就是战国到汉初这段时间了。魏晋以后，绮在生活中便极少出现了，与它类似的织物称谓逐渐被"绫"所取代，而"绮"则作为某种意象出现在诗文中，让我们在另一个领域熟悉了它。与"纨绔子弟"的"纨"不同，"绮"代表着流光溢彩的华丽之物、精妙绝伦的美艳之色。

● 锦

"锦"字以"金"为声，以"帛"为意，从一开始就注定是丝织品中贵如黄金的一员。

但凡不以"纟"为部首的丝织品名称，都十分古老，比如罗、縠、纂，还有锦。仅从简单的释义来说，锦是彩色提花织物，狭义上是指先染后织的熟织物，工艺复杂而外观绚丽。

西周时就有关于锦的文献记载了，并且现今也有实物出土，《诗经》里有"君子至止，锦衣狐裘""萋兮斐兮，成是贝锦"等诗句，可见锦当时已然是极尽华贵的词藻了。

两汉至魏晋时期，织锦的发展空前繁荣，因此后来人们常会提到汉锦。从两色、三色到五色，汉魏时期锦上流行云气动物纹，还往往配以文字。这个以蓝、红、黄、绿、白为基本色调的丝织物世界，为我们呈现出两千年前瑰丽而神秘的独特气质。

蜀地织锦之名大约在三国时期扶摇直上，曾引得"洛阳纸贵"的《蜀都赋》如此盛赞蜀锦的规模与品质："百室离房，机杼相和。贝锦斐成，濯色江波。黄润比筒，籯金所过。"自那时起，蜀锦一直保持着自己的荣耀，它是"四大名锦"中最源远流长的一个，伴随着中国的丝绸文明一路走到今天。

●宋锦与宋式锦

我们现在所说的宋锦其实应称为"宋式锦"，其与真正的宋代织锦相差颇大。它的产生是这样的：清康熙年间，有人购买了宋裱《淳化阁帖》，将上面的织锦截取下来，取其花样进行仿制，由于采用的是宋代图案，因此将其称为"宋锦"。这种锦的主要生产地是苏州，后来人们把产自苏州的织锦都叫"宋锦"，于是广义的宋锦还会包括明代的一些织锦。其实它们都是具有明清时代特征的织锦，而非真正的宋代织锦。

宋式锦的图案其实是建筑藻井风格的几何骨架，然后在其间布置各类花卉、动物、小几何纹样，时人称为"六答晕""八答晕"，色彩沉凝，装饰意味浓厚。

●织锦与织锦缎

用现代的机器仿制传统织物，在民国时期十分流行，比如现在所说的织锦缎就是这样出现的。从织物本质来说，它已经和传统意义上的锦缎有所不同了，然而依然代表了中国近代提花织物的最高水平。这类织物采用不同颜色的纬线，并在花形的不同位置分段换色，令表面色彩更为丰富。有一种古香缎是这种织锦缎的衍生品，精细程度则略有降低。

●织物与织造工艺中的生僻面孔

除了以上大家熟悉的织物名称，还有一些较为生僻的丝织品之名或相关工艺词汇，这里选择一些比较有代表性的进行介绍。

缣（jiān）：一种采用双丝线纺织的丝织品，丝线数量的增多令面料更为细密，这也是"兼"的来源。考古发现中最早的缣来自殷墟妇好墓，可见其年代之久远。

縠（hú）：常与纱并举，轻薄而有孔眼，只是表面会有细微的皱纹，就如同现在常说的"绉"。尽管工艺复杂，但考古发现告诉我们，商周时期其制作技术已然非常成熟。

缟（gǎo）：与绢一样，是一种生丝织品。由于蚕丝表面有天然的胶，因此被丝胶包裹的蚕丝质感硬而半透明，被称为"生丝"，需要脱胶后才能成为我们印象中柔滑光洁的丝线，即"熟丝"。

纂（zuǎn）：屈原在《招魂》中所写的"纂组绮缟"，每个字都是一种丝织品，其中"纂"和"组"是属于与本节中提到的织物都不同的另一大类编织物，也许是用早在织机出现之前就已有的最古老的纺织手法织就的。

縬（jiàn）：这种织物使用不同颜色的经线进行排列变化，使其效果有条纹感，也称"縬锦""晕縬锦"等。织物结构相对简单，但是色彩效果较为迷幻，若能再加上提花工艺，便可说是"锦上添花"了。

絣（pēng）：不同于排列不同颜色经线的縬，絣是将经线分区染色，最后织成品仿佛做了"动感模糊"的效果一般，会出现浓烈的艺术变形。现在新疆的艾德莱斯绸便是用此种方式纺织的。

缬（xié）：与其说是一种染色工艺，不如说它其实是一种防染工艺更为准确。无论是绞缬、夹缬、蜡缬还是灰缬，都是用各种方式让部分面料不被染料染色，从而达到想要的效果。

缂（kè）丝：简单来说，它是一种基础的平纹织物；再详细一点的话，它的纬线并不通走全部宽度，而是根据图案需要，在局部挖梭织成，因此缂丝也被称作"通经断纬"，起初用于毛织物，唐代起用于丝织物。缂丝织制极耗人工，成书于北宋的《鸡肋编》里说"妇人一衣，终岁可就"。不过它的特点是不需要大型织机，花形也可随心所欲。要知道，代表中国古代织造工艺最高成就的大花楼织机可是高达 4 米、长近 6 米，不仅要事先对花形进行"编程"，织造时更是需要两人协同操作。

△ 大花楼织机

● 加金织物：古人到底喜雅，还是喜贵？

前面讲明制服饰时介绍过织金，这里不再重复。需要指出的是，织、绣是两个不同的系统，绣里也会有使用金线的情况，但不属于织金，两者不可混淆。

既然织金是以织入金线为卖点，当然首先要看金线——其实就是金色的线。金线一般可以分成两种，即片金和捻金。从外观来看，还可以分别叫作"扁金""平金"和"圆金"等。历史上有直接利用金子的延展性拉成细长线状用于织绣的情况，但是这种金线强度不高，因此后来往往会使用褙衬来托住金箔，中间使用黏合剂，使两者能够牢牢附在一起。

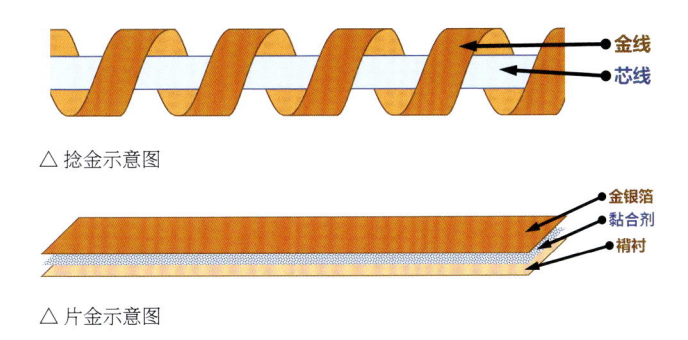

△ 捻金示意图

△ 片金示意图

表面是金箔，下面有褙衬，然后切成细长条，这就是片金或扁金。褙衬的材料选择有明显的风俗倾向：西域地区和游牧民族一般采用动物的皮，称作"皮金"；中原地区则偏爱纸张，称作"纸金"。其实褙衬的材料合用就好，也不必露出来给别人看，因此没有绝对的高下之分。

片金做好后，可以缠绕在芯线的外面，这就是捻金或圆金。步骤虽然是这么描述的，但实际用来做捻金的片金，其褙衬会薄一些。资料上写捻金线的价值要比片金高，但是不一定适用于现代金线产品。不过两种金线呈现的视觉效果还是有所不同的，需要考虑的点也不一样。比如现在最常用的片金线，如果金线发生翻转，在视觉上看起来就像是出现了一个小黑洞，尤其现在的片金线都比较粗，负作用就更大。

其次要看的是金色部分的材料。事实上使用真金做金线的情况很少，而用银箔熏成金色来顶替的做法很早就有，并且是光明正大写在金线制作流程里的。现在有了各种化学办法，制成金色就更加方便了。

除了这些，还有一种洋金线，也就是进口的仿金线，在清代进入中国，清末用量很大。这种线用片金线和丝线缠绕，金色部分为半包覆的形式。捻金是全包覆的形式，即便里面的部分露出来，也是若隐若现的。但是很多人购买织金面料，就是想要那个金闪闪的效果，因此金线的色泽也在考虑范畴。

说完织金的"金"，下面说说它的"织"。织金面料在金线以外的部分，叫"地部组织"。地部组织决定了面料的名称，也就是"织金X"的那个"X"，比如织金锦、织金缎或织金绸。

不过这里主要讨论它对于穿搭的影响。织金的织法有通梭，也有挖梭，区别在于通梭是从布的一边到另一边织一整条金线，挖梭则只在图案集中的部分有金线，其实后者更合适的称呼应该是"妆金"。需要注意的有两点：一是金线要对纬线有遮盖性，一般比它粗一些，其中片金线的效果比捻金线好；二是纬线隔一根会比隔两根的效果好。不过这都是理论上的说法，最后效果还是要看织造的成品。而且这属于织造工艺上的选择，没有高下之分，否则大家都只做隔一纬的片金就结了。此外还要注意不能露地，也就是金线或其他彩线不在正面显示图案的时候，它要在后面藏得好好的（除了纱之类本身比较透明的料子）。如果露出来了，有可能是织造工艺造成的，也有可能是交织点没有设计好。

除了织金线，其实还有织银线、织孔雀羽，明代承袭了辽、金、元三代以来织物加金的传统与技术，用丝线之外的材质让织物绽放出前所未有的色彩与光芒。由于这些线材十分珍贵，因此妆花工艺在明代十分盛行。与通梭织物不同，显花部分的纬线并不经历与布幅一样宽的路程，而是短梭回纬，节约线材，并且令织物图案设计更为自由，色彩运用也更加灵活。

二 进口面料
——《红楼梦》里的"外国月亮"

明清时期，我国有不少进口面料，《红楼梦》里就提到了不少。那时，进口的东西因为稀有而珍贵，也就成了小说家笔下那个世界的奢靡注解。

● **倭缎：日本表示不会造**

贾宝玉出场的经典形象里有一件"石青起花八团倭缎排穗褂"，可惜这一款式几乎没有影视剧正确还原过。值得注意的是，这个名称中出现了明显带有舶来色彩的"倭缎"。从字面来看，似乎这是个日本产的缎子。然而，名字里这两个字都误导了现代人对它的理解。

首先，它并非那种表面光洁顺滑的缎子，而是在缎纹组织上织造的起绒织物，视觉上应该更像是绒而不是缎。

其次，它可能只是经由"倭"进口到我国的。倭缎在明代宋应星《天工开物》中有记载："凡倭缎制起东夷，漳、泉海滨效法为之。丝质来自川蜀，商人万里贩来，以易胡椒归里。其织法亦自夷国传来。盖质已先染，而斫绵夹藏经面，织过数寸即刮成黑光。北虏互市者见而悦之。但其帛最易朽污，冠弁之上顷刻集灰，衣领之间移日损坏。今华夷皆贱之，将来为弃物，织法可不传云。"不过，按照日本当时的织造水平，应该无法织出这种难度的织物，应该是从欧洲转手的。

再次，它很快就实现了"国产化"，就像上面《天工开物》中记载的那样，倭缎首先在漳州、泉州有了仿制，而后主要由南京织造。很多人认为，倭缎就是如今的漳缎（漳缎也是只保留了名字，后来主要在苏州织造），但在有的资料中，两者的名称都出现了。赵翰生先生认为，两者应有差异，只是难以考证了。

起绒织物由于织造工艺的缘故，所用的几乎都是珍贵的料子（工业化生产后不算）。清代只有达官贵人才能使用，普通人最多只用来镶边。《红楼梦》里常见这种将镶边的贵料子用作衣身的做法，用以凸显贾府铺张豪奢的程度。

● 羽毛缎：你竟然是羊毛做的

古人造词真的很有意思，不说其他领域，在服饰里如果老是望文生义，《红楼梦》就没法看了。

就像林黛玉穿过的"大红羽缎对衿褂子""大红羽纱面白狐皮里的鹤氅"，听起来面料是羽缎、羽纱，配上林妹妹的形象，感觉应该是仙气飘飘的才是，实际上它是用羊毛做的。斜纹的叫"羽缎"、平纹的叫"羽纱"，也有说厚密的叫"羽缎"、疏细的叫"羽纱"。

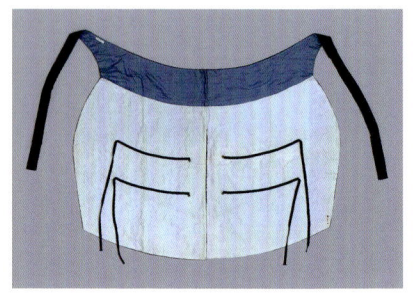

丝织品所用的经纬线一般是蚕丝，它是天然的长纤维，而羊毛本身的纤维较短，就需要捻成纱线后再使用。羊毛制品自然不如蚕丝那么顺滑舒适，因此只能在外套上使用。之所以用羽毛命名，是因为这种面料织造完成以后会进行碾压，表面紧实挺括，有水落在上面，能像羽毛那样抖落，所以用"羽毛缎"或"羽毛纱"来称呼。

△ 羽毛缎行裳

△ 羽纱雨衣

清代人误以为它真的是用羽毛做的，实在是对它不了解的缘故，因为它是从"海外荷兰暹罗诸国"进口来的。其实羽缎还有一个很外国风的名字，叫作"哔叽"，这个词在现在的服装业里还有使用，指的是精梳毛纱织成的斜纹织物。

● 哆罗呢：不做毯子做衣服

贾宝玉和李纨都穿过哆罗呢制成的衣服，从名称看，这很明显也是个外国货。和上面的羽毛缎一样，它也是用羊毛为原料，再用特制的工具在织物的表面上捣毛，以使织物表面呈现毛绒状。

不过奇怪的是，清宫留下来的哆罗呢一般是做成炕毯来用的，《红楼梦》里却做成了衣服。炕毯比一般地毯更加精巧，对实用性有要求。由于哆罗呢属于轻薄松软的毛料，因此往往会另外增加装饰性的工艺，比如印花、刺绣等。但《红楼梦》里出现的哆罗呢却明显是素的，并未提及纹样和工艺。

△ 哆罗呢炕毯

不过，炕毯材料除了哆罗呢，漳绒也十分常见，因此不能说用作毯子的面料就不能做衣服。以曹雪芹的出身，他应该是熟悉各种面料的，才会将此写入《红楼梦》里。

三 传统印染——色彩，来之不易

布织好了，下面就要上色了。

在古代，染色其实是相对比较奢侈的，很多平民染不起，就只好穿着布的本色，于是平民百姓就有一个别称——"白身"。其实不光百姓，就连达人们在穿着的时候也不免将就，比如曹操起兵之初钱粮都很匮乏，他手下的兵士们也只好穿着白衣。《新三国》里为了体现江东兵将的"仙气"，让他们穿着白色的服饰、盔甲，实际上在真实的历史里，一身"仙气"打扮的怕是对面的曹军。

那么我们的古人，又是如何让织物染色或不被染色呢？初听这个问题，你对前面可能没有疑问，但后半句大概会有些奇怪：怎么还有不被染色的说法？当然有。下面就具体介绍一下。

● 植物染色

先来看古人对织物的染色，以当时的工业水平来说，是没有什么机器可供人使用的，人们最普遍采用的是植物染色的方法。那么，什么是植物染色呢？

举一个最简单的例子来理解植物染色，就是用凤仙花染指甲。具体做法很简单：在夏秋凤仙花开放的季节，采下红色到紫色的凤仙花瓣捣碎，加入少许明矾，用叶片或布片包在指甲上，过一夜取下，指甲便会呈现橘红色到褐红色。如果嫌颜色浅淡，可以重复染上两三次。这种凤仙花染出来的红色没有指甲油的红色那般鲜艳，但是色牢度很好，一般可以坚持到新指甲长出来。对于以前的人来说，这是一种廉价易得的美甲方式。

这种染甲习俗起源于何时已经不可考了，但至少在宋代已经形成风潮，当时所用方法与现在几乎没有差别。比如南宋周密在《癸辛杂识》里记录了当时的金凤染甲："凤仙花红者用叶捣碎，入明矾少许在内，先洗净指甲，然后以此付甲上，用片帛缠定过夜。初染色淡，连染三五次，其色若胭脂，洗涤不去，可经旬，直至退甲，方渐去之。"明代小说《西湖二集》里还提到，杭州有风俗便是女子在七夕之夜用凤仙花染甲，染得如红玉一般是最佳的，书中的诗句"金凤花开色更鲜，佳人染得指头丹"更是成为许多人写凤仙花染甲的标题。不过我更喜欢清代画家恽寿平题在他所画的凤仙花上的一句"曾染红云在指头"，不但形象，而且仿佛其中还有故事。

△ 古代女子在捣凤仙花

如今我们从植物染色的角度回过头再看就会明白，凤仙花的花瓣是植物染料，明矾是媒染剂，指甲则充当了类似面料的角色。这样实际就构成了植物染中最常见的染色形式——媒染。

所谓媒染，便是需要一个媒介物作为染色的辅助。这是因为染料和面料之间往往不亲和，需要两头亲和的媒染剂将色素固结在面料上。

植物染料固然有天然性和可再生性，但天然的植物不一定无毒；而媒染剂中则可能存在金属离子。媒染剂的作用不仅是固色，还会影响色彩的呈现，比如同一种植物染料使用不同的媒染剂，最终染出来的颜色也是不一样的。可见媒染剂是非常重要的，寻找合适又环保的媒染剂，如今是一个专门的课题。

除了媒染剂，面料的材质也很重要。比如人的指甲和蚕丝都是角蛋白（当然，角蛋白还有很多细分类别），所以染甲跟染丝绸很相似。但是染丝绸跟染棉布就不一样了，即便使用媒染剂来染植物染料，棉布的染色性能依然远逊色于丝绸。棉布的染色"翻身仗"是蓝染，民间动不动就染蓝色，有一部分原因就是蓝染对棉布更加友好。

植物染色所用的植物部位也很重要。凤仙花用的是花瓣，海娜花用的是叶子，两者的植物科属不同，但所含的着色成分却很相似，且都可以用来染甲，效果也相似，于是都被叫作"指甲花"。前面提到的《西湖二集》里另有一句"银盆细捣青青叶，染就春葱指甲红"的诗，很有可能用的就是海娜花。

表 1 染色方法和效果

染料	浓度（g/L）	提取条件	染色条件	媒染	染色效果
茜草	10	pH=8.5	第二次染色时 pH=6	明矾前媒 胆矾后媒	橙红色 橙黄色
紫草	15	pH=5	第二次染色时 pH=7，温度小于70℃，以避免色素分解	明矾前媒	紫色
苏木	15	pH=9	pH=8.5，以避免在酸性条件下变色	明矾后媒 青矾后媒 胆矾后媒	深红色 紫色 深红色
槐花	15	—	第二次染色时 pH=5	无 明矾后媒 青矾后媒 明矾后媒 靛蓝套染	淡黄色 黄色 暗绿色 绿色
姜黄	10	—	第二次染色时 pH=5	无 明矾后媒 青矾后媒 胆矾后媒	亮黄色 柠檬黄 橙黄色 黄绿色
栀子	10	—	第二次染色时 pH=5.5	无	黄色略偏红
黄柏	10	pH=10	第二次染色时 pH=6	无 靛蓝套染	黄色略偏绿 浅绿色
五倍子	15	—	染液已为酸性，pH=3	青矾后媒	黑色偏棕
栗壳	25	—	第二次染色时 pH=6	青矾后媒	黑色

* 引自《丝绸纺织品传统染色工艺的色度学研究》

不过，海娜花叶中的染色物质含量较高，凤仙花中的含量较低，着色性能也就相对差一些。这一点明代的李时珍也观察到了，他在《本草纲目》里写道："指甲花有黄、白二色，夏月开，香似木犀，可染指甲，过于凤仙花。"现代人经过研究测定，验证了李时珍的观察结论。

现在我们看到很多植物染发的产品，大多用的也是指甲花里的成分。但是指甲花染色只有橘红色到褐红色的效果，如果要染成黑色或其他颜色，那就需要加入别的成分。

从染甲到染发，其实都跟染丝绸很相似。植物染色离我们的生活并没有大家想象中那么遥远。只不过染布所需的成本很高，而且后期还需要维护，就像凤仙花染甲和海娜花染发都不是永久性的。

表2 植物染料类别

染料类别	植物名称	颜色
还原	木蓝 马蓝 蓼蓝	蓝 蓝 蓝、绿
直接	红花 冻绿 荩草 石榴 核桃 栗树	胭脂红 绿 黄、绿 黄 黄棕 棕
媒染	苏木 茜草 槐花 紫草 五倍子 皂斗 乌桕 梾木 苹果花 樱花 洋葱 山葡萄 桑树	红、黄 土红 黄 紫 黑 黑 黄 紫 红 红、粉红 红、黄 青莲 黄
直接、媒染	黄柏 姜黄 郁金 黄栌 栀子	黄 黄、橙黄 黄、橙黄 黄 黄、灰黄

表3 植物色素类别

色素	植物名称	颜色
黄酮类	槐花 青茅草 杨梅 红花 紫衫	黄 黄 黄 红 红
蒽醌类	大黄 茜草根 胭脂红 紫草	黄 红 红 紫
多酚类	石榴根 槟榔子 棕儿茶树皮 栗树皮 枹树皮 杨梅树皮	黑 黑 黑 黑 黑 黑
苯并吡喃类	苏木黑 苏枋	黑 紫
吲哚类	贝紫 蓝类植物	紫 蓝
二酮类	郁金	黄
生物碱类	黄连	黄
内酰胺类	草木	蓝

* 表2、表3均引自《天然植物染色研究概述》

●绞缬（扎染）

"缬"是一个现在不常用的字，指的是防染印花工艺。唐代玄应所著的《一切经音义》中说："缬，谓以丝缚缯，染之，解丝成文曰缬也。"元代胡三省在《资治通鉴音注》中写道："缬，撮采以线结之，而后染色；既染则解其结，凡结处皆原色，余则入染矣，其色班斓谓之缬。"由此可见缬字的本义。

古代有"三缬"，就是三种防染印花技术，分别是绞缬、蜡缬、夹缬。前两个现在俗称"扎染"和"蜡染"，而夹缬是用镂空的板子夹住布料来达到防染印花的目的。也有"四缬"的说法，第四个是灰缬，也就是民间常见的蓝印花布。

虽然说三缬或四缬是古代的防染印花，但"缬"字的最初本义可能只是指绞缬，后来才成为了某种统称，用以称呼不同的防染印花工艺。绞缬，也就是现在俗称的"扎染"，前面引用的解释"缬"字的古文，其实同时也解释了绞缬的方式正是用线绑扎，从而显现花纹，它的图案具有明显的晕染边缘，属于工艺表现特征比较独特的。比如北朝的绞缬绢衣、绞缬绢片上，繁星点点式的绞缬图案，远看有一种变化的波点效果。

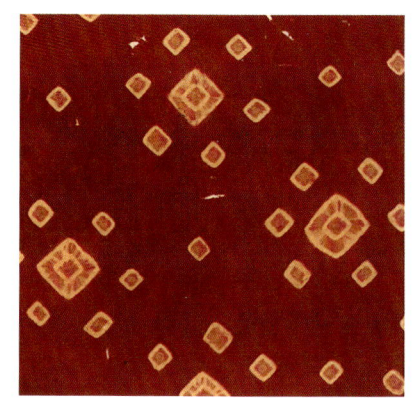

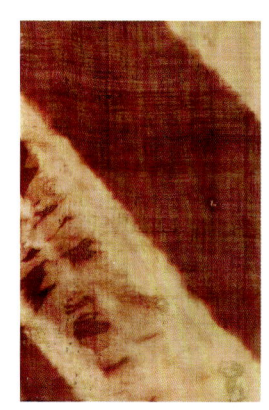

△ 绞缬

那么什么是防染印花呢？所谓防染印花，就是在织物染色之前，做一些防染处理，使它在染色的过程中不被上色。比如蜡染是使用物理防染剂的方式，涂蜡的地方不会上色，特点是蜡干脆易裂，因此图案中间会有裂缝。而扎染是用机械防染的方式，特点是捆扎力量并不均匀，因此边缘的晕染效果较为明显。防染印花对于天然面料、传统工艺来说，是有明显优势的染色方式，而对于现代很多合成纤维和相关工业来说，反而会成本较高、效果不够突出。可见，同样的东西在不同的时代、不同的生产力下，

△ 福远蜡染艺术（出自洪福远著《中国十大民间艺术家》）

会有不同的评价。与防染印花相对的是直接印花，手绘、盖印这些都可以算在内。此外，还有一种拔染，是把织物先染色，然后使用一些药水破坏染料。不同的染料，拔染剂不一样，算是一个化学的过程。

历史上留下了许多看似与图案有关的缬名，比如鱼子缬、鹿胎缬、网纹缬、朵花缬等。不过古人命名时并不会严格分类，因此会混杂各种命名方式，比如以颜色命名、以材料命名等，这就导致图案有时很难与文物一一对应。

对绞缬来说，绑扎的大小、方式都会影响图案。除了可以制出各种圆形，还可以组合出其他多种图案，比如条纹、波点、网格等，甚至可以是装饰画类相对具象的画面。日本有商家会卖染完未解绑的扎染工艺品，拆开的过程就像解密一样。如果从文创产品的角度去看，这比只是拿文物照片来照着喷印显得更有趣味，也更有特色。

让绞缬工艺绽放无限可能性的，是绞缬的工艺方式。具体来说，其实它不只有扎绑这种方式，王㺸先生曾经通过观察文物、民间考察以及实验等，总结出四种类型的绞缬方式，即打结法、绑扎法、缝绞法和夹板法（也有人将"夹板"写作"夹版"）。其中打结法是指，不使用另外的材料，通过布料自身的折叠和打结来形成花纹。绑扎法是最典型的扎染方式，用绳子之类的东西绑扎面料，达到防染印花的目的。缝绞法在绑扎法的基础上增加了针线的穿缝，让形成的图案更细腻多变。夹板法虽然也用夹板，但和夹缬不同，夹缬的板是雕花的，要预先将图案雕出，而夹板法的板则是用几何形的小板配合折叠绑扎，一些有晕染效果的几何图形很可能是用这种方法制作的。

了解了工艺之后，我们就可以从一些图像或塑像上的图案去推测它们是用何种工艺来实现的了。这对想要复原或追寻古代服饰风格的人来说，是非常有必要的。当然，实际的推导过程远比这里介绍的复杂很多，因为不同时代的工艺发展和流行偏好是不一样的，使用哪些工具、染料以及工序的先后顺序等，都要列入参考范畴。但总体而言，有些工艺特征还是非常明显的，比如绞缬。波点的绞缬在魏晋时期的文物、图像上发现得最多，直到唐代依然屡见不鲜。

除了波点，从日本正仓院还能看到几件风格独特的绞缬织物，由于几何感更重，因此扑面而来一股现代风。很多人容易将现代的条纹和文物中的条纹混淆，其实两者是完全不同的，我们现在讨论的是建立在工艺基础上的。拿这个条纹来说，除了绞缬，它也可以用织造中牵经的方式来实现，当然还可以用别的工艺。任何一种工艺都不是孤岛，比如绞缬、夹缬、蜡缬在工艺和风格上就有模糊地带，但也只是发生在那些边缘部分。

绞缬的实物最早可以从新疆扎滚鲁克出土的文物中找到，时代大约是中原地区的春秋战国时期。风格上也很有趣，有些像现在的格子衫。

虽然这些工艺各有各的美丽，似乎失去它们是一种遗憾，但实际上，这个结果的出现，恰恰可能是因为中原地区的染织工艺在前期发展得太快了。跑得太快的人，会更早接近目的地，但同时也可能错过路上的风景，自古就是如此。

● 夹缬

夹缬最早见于唐代，也最常见于唐代。

大多数工艺由于后来仍有流传和发展，人们往往会忽略其在不同时期的变化，重新演绎起来就容易失去不同时代的特征性。但夹缬不一样，宋代以后就很难看到相关的文字记载了，不过仍可找到不少明清时期的彩色夹缬实物。关于明清时期的彩色夹缬，郑巨欣先生认为是用来包裹藏式经本的，相关技艺可能在元代后从中原地区传入了西藏。因此，夹缬表现最突出的其实还是在唐代，它身上最鲜明的烙印就是"大唐"。

前面提到绞缬中有一种方法是夹板法，这种方法可能与夹缬存在着一定的启迪关系。一些文物上比较零碎的几何图案，学界对它们以夹缬、绞缬命名的情况都有，这其实也反映了学者们对这两种方法之间界限的认知尚有模糊之处。

唐代的夹缬文物，除了在中国新疆地区有出土，在日本也有很多，并且后者既有传世文物，也有考古发现，还有工艺留存，但毫无疑问是从中国流传过去的。除了日本，朝鲜半岛、印度、尼泊尔等地也有发现的夹缬文物，不过许多纹样呈现的都是当地的风格。

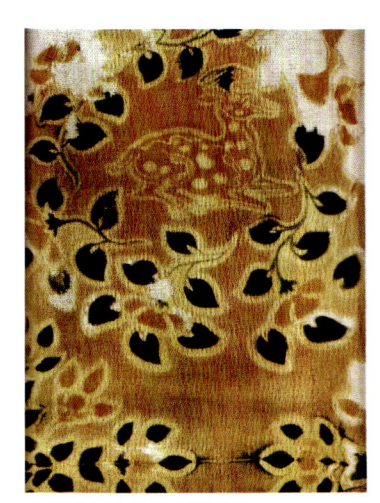

△ 日本正仓院的夹缬罗　　△ 日本正仓院的绞缬布袍

从现有的发现看，夹缬首创于中国唐代，也盛行于唐代，有着多方向的传播路径。尽管它身上还有许多疑云待解，但印染本身是一种直接看得到色彩和华美的技艺，可以给我们关于大唐霓裳更具体的联想。

夹缬到底是怎么做的，宋代有记载是"因使工镂板为杂花，象之而为夹结（缬）"，很容易就能看明白夹缬是用板夹起来做的，但用的是什么样的板、怎么夹以及夹起来后具体怎么实施，学界存在比较大的争议。

1958 年，沈从文先生在《谈染缬》里提出一种做法，即布料在木板镂空处涂上浆粉，用浆粉达到防染印花的目的，这其实是蓝印花布的做法。不过沈从文当时应该缺少夹缬的文物，基本是从文献和当时可见的传统技艺出发，将"文字记载上早已湮灭"的夹缬和当时可见的传统技艺联系在了一起。这个说法目前在很多关于蓝印花布的材料里还可以见到，毕竟能使其追溯到三缬，算下来怎么都不亏。

1979 年，武敏先生在《唐代的夹版印花——夹缬》里提出，夹缬是将布料夹住后，在筛罗镂空处直接印色，这比较接近于丝网印刷的做法。1985 年，高汉玉先生在《古代织物的印染加工》里则认为是在板的镂空处注入染液印成的。这两种说法虽然有区别，但都属于直接印花的形式。但从三缬中另外两个来推论，夹缬应该也属于防染印花才对。

到了 20 世纪 80 年代末 90 年代初，人们对夹缬的认知有了突破。赵丰、胡平合撰的《浙南民间夹缬工艺》中写道："夹缬工艺的一般原理，是将两块表面平整、并刻有能互相吻合的阴刻纹样的木板夹住织物进行染色。染色时，木板的表面夹紧织物，染液无法渗透上染；而阴刻成沟状的凹进部分则可流通染液，随刻线规定的纹样染出各种形象来。待出染浴后释开夹板的捆缚时，便呈现出灿然可观的图案。"这一描述基本成为现在大家对夹缬的共识，目前来看，除非有突破性的发现，否则很难有颠覆性的改变了。

之所以会有这样的研究成果，奥妙就在于标题——"浙南民间夹缬工艺"的发现和挖掘。浙南夹缬，也有叫"温州夹缬""苍南夹缬"的，主要以目前流传的地域来命名（其实流传地域不限于浙江省，福建省也有），已入选国家级"非遗"名录，

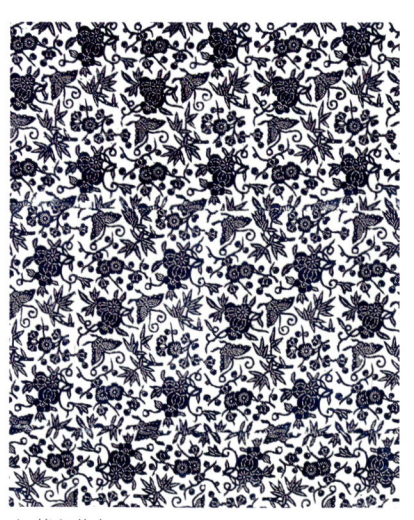

△ 蓝印花布

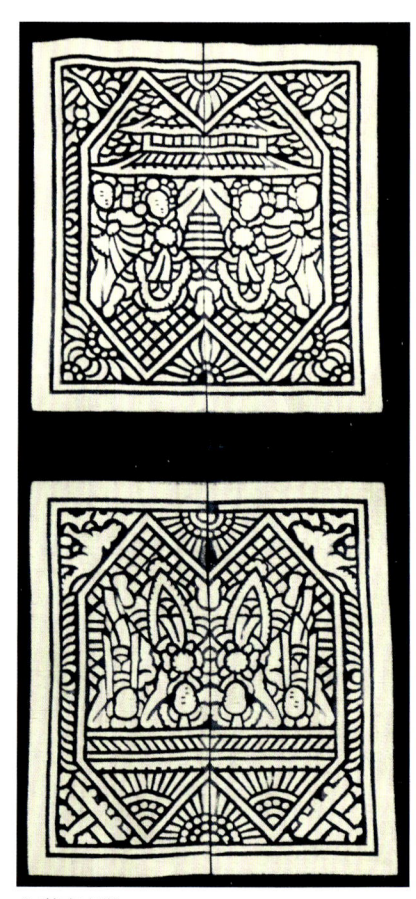

△ 苍南夹缬

在"非遗"名录里的名称为"蓝夹缬技艺"。毫不夸张地说,这是目前中国发现的流传并保存至今的仅存的夹缬技艺了。

在一些人看来,现在"非遗"的概念约等于"财富密码",似乎关于它的除了经济效益,就是情怀。其实通过唐代夹缬的研究和浙南夹缬的发现,可以更好地认知"非遗"更深层次的意义。

早在20世纪50年代浙江省普查民间工艺的时候,就已经发现浙南地区存在这种工艺了,当时被称作"温州夹板法印染",或者"夹花""真夹板花"等,主要是用来做被面(当地人婚嫁用品之一)。直到1987年《浙南民间夹缬工艺》一文发布,人们才将这个藏于民间的技艺与唐代的夹缬联系在一起。1997年,台湾省出版了《中国土布系列·夹缬》,此后探索夹缬、拯救夹缬在学界掀起了一股风潮。

我找到的资料里介绍,留存的夹缬技艺主要有四个,中国两个,日本也有两个。其中日本的红板缔是较为出名的一个,从17世纪初到19世纪末,都可以找到丰富的实物和相关记载。而日本蓝板缔的确认则是通过20世纪末偶然发现的一批印版和账本,但这几乎是一个孤证,学者们认为它与浙南夹缬或有一定的渊源关系。加上蓝板缔的发现地与朝鲜半岛隔海相望,其中是否有传播中介目前也并不知晓。

但用这些夹缬去推测唐代的夹缬工艺,其间存在一个难以逾越的鸿沟。目前这些夹缬几乎都是单色夹缬,而唐代的都是彩色夹缬,也称"五彩夹缬"。彩色,就意味着需要有多重染液,要么下染缸多次套染,要么一次分区注入染液,无论哪种方法,其难度是呈几何级数翻升的。

赵丰先生在《夹缬》里提到,唐代的五彩夹缬制作方式可能不止一种,因为至少存在两种五彩夹缬:一种是颜色之间存有白色的描边,这种可能就是分区染色;另一种是有色彩重叠,这种就需要套染。套染比如黄花绿叶,需要先把花叶部分都染成黄色,再把叶子部分染个蓝色,与前面的黄色合成绿色。

大约在2008年,郑巨欣、赵丰等学者做民间夹缬调研的时候发现了西藏五彩夹缬,这可能是留存的第四个夹缬,也是唯一一个五彩夹缬。其生产地区可扩散到与西藏自治区相邻的印度、尼泊尔等,但目前已经找不到西藏自治区的加工地了,现在当地使用机器来生产仿夹缬效果图案的印花布。从现有的留存来看,西藏五彩夹缬可能是最接近唐代的,算是给世人的一份慰藉吧。

但是,不论通过遗存还是通过文献去探寻复刻古代工艺,都只能去抓历史的影子。虽然我们永远看不到历史的正面,却可以永远憧憬它的背影。

四 现代材质
——纤维和针织的故事

织物、面料在近现代，因工业的发展而有了和古时不一样的面貌。不过，并不是现代的产品就一定是成功的，比如以前人们耳熟能详、而今几乎难得一见的"的确良"就是一例。

● 化学纤维真的很可怕吗？

我不知道现在的小朋友还有多少听说过"的确良"，一些离我们并不久远的服饰词汇，因为逐渐在生活里消失而被遗忘，哪怕它们曾经风靡一时。

的确良是美国杜邦公司生产的聚酯纤维，其名称来自粤语对本名"Dacron"的音译，也常常被译作"达可纶""大可纶"等。

聚酯纤维其实就是涤纶。而这种由某个成功的商业名词变成这一类纤维的代名词，类似的案例还有"莱卡（Lycra）"，它属于聚氨酯纤维，也就是氨纶。

这些都属于化学纤维（简称"化纤"），但对现在的人来说，似乎只要沾上"化学"二字，就足以令很多人谈之色变了。简单来说，化纤其实分为人造纤维和合成纤维两大类，一般人对化纤的理解往往属于后者，而前者，在很多人眼里不仅不面目可憎，还有点可爱，我们熟悉的天丝、莱赛尔、莫代尔、铜氨丝、竹纤维、人造棉等都属于这一类。

相比于合成纤维，人造纤维往往以天然材料为原料，经过化学或机械手段加工而成，因此性能上也比较接近天然纤维，这也是它们广受欢迎的原因。

既然天然纤维、人造纤维这么好，为什么人们还要发展合成纤维呢？

化学纤维

合成纤维：
- 涤纶（聚酯纤维）
- 锦纶（聚酰胺纤维）
- 腈纶（聚丙烯腈纤维）
- 氨纶（聚氨酯纤维）
- 丙纶（聚丙烯纤维）
- 维纶（聚乙烯醇纤维）
- 氯纶（聚氯乙烯纤维）

人造纤维（再生纤维）：
- 再生纤维素纤维
- 纤维素酯纤维
- 再生蛋白质纤维

△ 化学纤维分类

曾经，人类所能获得的只有天然纤维，也就是棉、麻、丝、毛等。然而就像粮食、蔬菜一样，它们的本质是从土地里长出来的，但是单位土地上可以获得的天然纤维也是有限的，并且耗费劳动力。于是人类开启脑洞：我们能不能像蚕宝宝吐丝一样，自己制造这样的吐丝机器呢？于是，19 世纪末、20 世纪初，化学纤维工业开启了。

△ 清代雍正《御制棉花图》（局部）　　　　△ 明代画作中有织夏布的铺子

发展合成纤维不仅可以减轻农业负担，还有一些好处可能是现在年轻人觉得难以理解的，那就是提高织物的质量，满足人们对花色和特殊服装的需求。当然，归根结底，它还是为了让人们都有衣服穿。

化学纤维可以节约成本，提高劳动率，而合成纤维的原料来源更为广泛，并且在服装家纺以外的领域也可以使用。开头提到的的确良，曾经非常风靡，人们即便买不起它制作的服装，也要买几个的确良的假领子来充门面。可惜它并不如名字那般美好，否则也不会在时代的舞台上逐渐淡出。从服装穿着体验的角度看，的确良的优缺点都十分突出。它的纤维强度很大，耐磨又平整，不易霉蛀，容易清洗，色牢度好，快干免烫，成衣后比天然材料显得更加挺括。缺点是很闷，十分不"的确凉"，而且怕高温洗烫，存在纤维老化的问题，冬天易有静电，几乎不能贴身穿着，有的人穿它还会出现接触性皮炎的症状。

过去的人们更想要的是体面耐穿的服装，所以的确良才得以流行；而如今的人们并不缺衣服穿，所以更推崇天然纤维和人造纤维这类舒适的面料。但由此便认为化纤"低人一头"，却也不可取。因为如今的功能性面料不仅科技含量高，很多价格也不逊色于天然纤维，还可以满足我们的各种特殊需求。各种混纺面料可以在保持良好穿着体验的前提下，依然保有各种性能，价廉物美。的确良就像一面镜子，照出了时代的变迁、社会的进步。

●针织：古装可以选针织面料吗？

中国的纺织技术在很长的时间里一直是一骑绝尘的。不过我国主要流行与发展的是互相垂直的经线与纬线交织而成的梭织面料，如今我们生活里应用十分普遍的针织面料并不在此之列。

针织与梭织相对，它没有明显的经纬方向，纱线往往呈现环环相套的线圈，面料松软而有弹性。需要说明的是，织物里比较特殊的纱罗组织，虽然有绞经的存在，但经纬的纱线方向依然存在，因此它不属于针织面料。

不过在对针织面料的分类命名里，依然会出现"经""纬"的字样，倒不是说它有经纬线，而是用来表明针织线圈的走向。

相对来说比较简单的，就是平时打毛衣用的纬编针织，线圈的走向是横着的，也就是纬向。纬编针织是我们生活里最常接触的针织物，各个方向上的弹性都比较好，缺点就是线圈比较容易松脱，"拉一根线头就可以脱掉整件衣服"的笑话里一般说的都是它。

与此相对的，经编针织的线圈是经向的，虽然不如梭织物看起来那么直观。它的弹性要略差一些，结构上很容易出现线圈式的孔洞，但剪开也不易松脱，因此在服装上的应用没有纬编针织普遍，多在运动服上见到。

1589 年，世界上第一套针织纬编机（手摇织袜机）被发明出来，1775 年，第一台针织经编机被发明出来，于是针织开始走入机器时代。近代中国人直到晚清时期才在市场上看到这些针织的衣、帽、袜、围巾等。

△ 20 世纪中期的针织衫

19 世纪后半叶,手摇织袜机被引进中国,1896 年,中国第一家针织厂在上海成立,主要生产技术含量不高、投资也不大的纬编织物袜子、汗衫等。其中一大类的针织袜很简单,就是裁成鞋面的直筒,而后才逐渐完善出脚跟之类的部位。而另一大类的汗衫中,江浙人民俗称"棉毛衫"的衣服此时也出现了,其面料结构是双罗纹纬编针织,手感偏厚实,保暖性能比较好。此时还有一个有趣的现象:汗衫是用什么做的?汗布;棉毛衫是用什么做的?棉毛布。这些其实都是针织面料的种类,可能是由于人们先广泛地认知到了这种衣服,而后将称呼延伸到了它的材料上。

纬编针织面料有明显的正反面,像麻花辫一样竖条排列的一般被认为是正面,而可以看出横向线圈相套的则被认为是反面。用来做汗衫的汗布是一种单面针织面料,也就是最基础的纬编织物,轻薄亲肤,做成夏季的内衣贴身穿着,十分舒适。而棉毛布则是双罗纹织物,正反面都可以看到类似竖条的形态,因此叫"双面布",又因为两面都是正面,所以也叫"双正面针织物"。棉毛布比汗布要厚实,中间又有空隙层可以贮存空气以达到保暖的目的,因此用棉毛布做的棉毛衫裤作为秋冬的内衣便顺理成章了。

△ 民国月份牌上女子穿着旗袍搭配针织衫

除了织机，还有一种用棒针编织的方式，细一些的被称为"扦子"。在整个 20 世纪，人们手拿棒针编织的场景出现在各种照片里，并且不限男女老少。因为即使与最简单的织机相比，它都显得太方便了。棒针编织不但能做平面的织物，还可以做出各种异形的，比如织个帽子、手套、围巾之类的，都很简单易行。

真正让针织成为我们生活中一代人的温暖记忆，正是因为 20 世纪 80 年代在中国流行起来的棒针编织的浪潮。作为 80 年代生人，我小时候家里还留着很多棒针花样与教程之类的书籍，我妈妈作为一个至今会烧的菜不超过十道的人，在当时也学会了打毛衣，可见风潮之盛。即使现在出门，有时还能看到有人手里打着棒针，手臂上

△ 年轻女子在针织（1931 年荷兰）

挂着一个装着线团的塑料袋。家里的那本《上海棒针编结花样 500 种》，后来我查资料才知道它竟然在那个年代发行了 1227 万册，这是多么令人震撼的一个数字啊！

其实了解一下中国的纺织技术历史，就会发现，占据古代中国技术顶端的往往是集中不同技术工种、工序绵长烦琐，并且用偏大型的机械完成的织物。这对于世界上其他地区的人们来说是较为困难的，因为你不能让游牧民族的人背着大机器在马背上跑，也没法让岛屿国家集中如此多的社会资源。

针织的起源，有说在埃及的，有说在北欧的，一般国外人的观点里都没有中国。不过在中国江陵马山楚墓里出土过一类战国时期的绦带，为这一问题的考证增添了几分变数。这类绦带的纱线呈现串联的线圈形式，与纬编针织十分接近，因此当时被命名为"针织绦"，《江陵马山一号楚墓》考古报告中认为它是纬编针织。

它与现代纬编的区别在于，现代纬编线圈的开口是几字形，而绦带的线圈有一个交叉，像又字形，并且线圈层层相套，显得十分复杂。另外值得注意的是，这类绦带有衬绢，线圈并非呈 S 形来回往复，而是会在背面留有过渡的纱线。

因此，尽管它在外观上十分类似针织物，在很多书里也将这一考古发现列为最古老的针织实物，但实际上纺织服饰相关的学者对这个结果颇有疑虑。比如，赵丰老师认为这是一种类似

刺绣的做法，是锁绣的衍生；包铭新老师认为，这是一种介于针织与刺绣、钩编之间的品种，实际上也否定了报告里认为这是纬编针织的说法。而邢媛菲老师则提出了另一种说法，认为它虽然不符合纬编针织的做法，但与古老的交环针织（使用一根比较粗的针穿过纱线一层层穿套打结）十分相似。

其实有很多方法可以做出最终结果相似的东西，比如在大头针的辅助下（环编绣）也可以复原针织绦。但这些显然是以结果为导向的，没有对复原方法进行探索。其实交环针织和环编绣还是有明显差异的，刺绣毕竟是在织物上去做，而交环针织除了也使用穿针引线的方式，却是用手指凭空织造的。

当然，关于马山针织绦究竟属于哪种编织，可以等待未来研究的解答，而由此可以引出两点思考：一是，复原究竟是要注重结果还是注重过程，从结构图倒推出来的是真实的还原吗？二是，我们现在认识的针织是基于近代以来针织工业的发展与演变，但对于更古老的疑似针织的实物，又该如何去定义针织的概念，该如何去思考它所处时代的技术背景？

有些研究是留给学者们去做的，但有一些思考可以留给我们自己。毕竟思考的过程不但有趣，而且代表了我们对中国服饰的热忱与喜爱。

但不论针织与中国是否有着传统意义上的溯源，其实都不影响我们去选择它。中国服饰文化的伟大，其实就来自它的海纳百川。前面提到的许多服饰、工艺，都有着外来的基因，但并不影响它在中国的发展。

参考文献

[1] 湖南省博物馆. 长沙马王堆一号汉墓[M]. 北京：文物出版社，1973.

[2] 方克. 清俗纪闻[M]. 北京：中华书局，2006.

[3] 陕西省考古研究院. 潼关税村隋代壁画墓[M]. 北京：文物出版社，2013.

[4] 胡之. 甘肃嘉峪关魏晋七号墓彩绘砖[M]. 重庆：重庆出版社，2000.

[5] 西安市文物保护考古所，王自力，孙福喜. 唐金乡县主墓[M]. 北京：文物出版社，2002.

[6] 中国社会科学院考古研究所. 定陵[M]. 北京：文物出版社，1990.

[7] 石谷风. 徽州容像艺术[M]. 合肥：安徽美术出版社，2001.

[8] 张淑贤. 清宫戏曲文物[M]. 上海：上海科学技术出版社，2008.

[9] 扬之水. 中国古代金银首饰[M]. 北京：故宫出版社，2014.

[10] 王文章. 梅兰芳访美京剧图谱[M]. 北京：文化艺术出版社，2006.

[11] 苏石风. 越剧舞台美术[M]. 上海：上海人民美术出版社，1997.

[12] 杨思好，萧云集. 温州苍南夹缬[M]. 杭州：浙江摄影出版社，2008.

[13] 湖北省荆州地区博物馆. 江陵马山一号楚墓[M]. 北京：文物出版社，1985.

[14] 华梅. 中国服装史[M]. 天津：天津人民美术出版社，1995.

[15] 卢时俊，高义龙等. 上海越剧志[M]. 北京：中国戏剧出版社，1997.

[16] 甘肃省博物院. 武威磨咀子三座汉墓发掘简报[J]. 文物，1972（12）：9-23.

[17] 沈从文. 谈染缬[J]. 文物参考资料，1958（9）：13-15.

[18] 武敏. 唐代的夹版印花——夹缬——吐鲁番出土印花丝织物的再研究[J]. 文物.1979（8）：40-49.

[19] 高霭贞. 古代织物的印染加工[J]. 故宫博物院院刊.1985（2）：79-88，98.

[20] 贾高鹏. 天然植物染色研究概述[J]. 成都纺织高等专科学校学报，2005（4）：9-11，14.

[21] 赵丰，胡平. 浙南民间夹缬工艺[J]. 中国民间工艺，1987（4）：61-64.

[22] 刘伟，韩婧，胡刚等. 丝绸纺织品传统染色工艺的色度学研究[J]. 文物保护与考古科学，2012（4）：71-80.

[23] 王允丽，陈杨，房宏俊等. 清代羽毛纱纤维材质研究[J]. 故宫学刊，2011（1）：319-338.